VERSTEHT MICH MEIN HUND?

VERSTEHT MICH MEIN HUND?

WIE UNSERE GELIEBTEN VIERBEINER TICKEN

SOPHIE COLLINS

Aus dem Englischen von Andreas Schiffmann

MIMI&LOKI

IMPRESSUM

VERSTEHT MICH MEIN HUND?
Wie unsere geliebten Vierbeiner ticken
von Sophie Collins

Deutsche Erstausgabe 2020
© 2020 by Mimi & Loki

Mimi & Loki, ein Imprint der KOCH International GmbH, A-6604 Höfen
www.hannibal-verlag.de

ISBN: 978-3-85445-689-6

Satz: Thomas Auer, www.buchsatz.com
Übersetzung: Andreas Schiffmann
Lektorat und Korrektorat: Dr. Matthias Auer

Titel der englischen Originalausgabe:
Is Your Dog Psychic?
Erstmals publiziert 2017 von New Burlington Books
The Old Brewery
6 Blundell Street
London N7 9BH

Copyright © 2017 The Bright Press
Part of the Quarto Group
1st Floor Ovest House,
58 West Street,
Brighton BN1 2RA
England
www.quartoknows.com
ISBN 978-0-85762-500-7

Design und Illustrationen von Alyssa Peacock

Printed in China

FSC
www.fsc.org

MIX
Papier aus verantwor-
tungsvollen Quellen
FSC® C016973

„Hunde sprechen, aber nur zu denen, die zuhören können."
– **Orhan Pamuk,** *Rot ist mein Name*

INHALT

8   Einleitung

13   **TEIL EINS:**
DIE WELT MIT ALLEN HUNDESINNEN

    14   **Kapitel 1:** Hundeperspektive

    26   **Kapitel 2:** Hundesinne – Sehvermögen

    40   **Kapitel 3:** Hundesinne – Riechen

    60   **Kapitel 4:** Hundesinne – Hören

    76   **Kapitel 5:** Hundesinne – Fühlen und Schmecken

    92   **Kapitel 6:** Ein sechster Sinn?

105   **TEIL ZWEI:**
HUNDEWISSEN

    106   **Kapitel 7:** Wahrnehmung

    124   **Kapitel 8:** Verstehen Sie Ihren Hund

    142   **Kapitel 9:** Ihr Hund und Sie

    168   **Kapitel 10:** Freundschaft vertiefen

184   Glossar

186   Weitere Quellen und Hinweise

188   Index

192   Bildnachweise

EINLEITUNG

Als Hundebesitzer stehen Sie Ihrem Tier bestimmt fast genauso nahe wie den Mitgliedern Ihrer Familie. Sie verbringen den Großteil des Alltags miteinander, spielen oder relaxen zusammen, und knapp die Hälfte aller Halter lässt den Vierbeiner sogar in ihrem Bett schlafen. Wie aber findet man heraus, was in seinem Kopf vorgeht? Haben Sie je länger darüber nachgedacht, was er sieht, riecht und hört? Glauben Sie, dass seine Sinne unseren mehr oder weniger ähnlich sind?

EIN LOHNENSWERTES THEMA

Die Wissenschaft behandelte den Haushund früher äußerst stiefmütterlich, weil sie ihn vielleicht nicht als „wild" oder „natürlich" genug für Forschungen ansah. Heute ist alles anders; im Lauf der letzten 20 Jahre haben sich Untersuchungen zum Bewusstsein und zur Intelligenz von Hunden von einem weitgehend unberücksichtigten zu einem überraschend beliebten Arbeitsfeld entwickelt. Weltweit richten Universitäten Forschungslabors für Hunde ein, wobei die Untersuchung von deren Verhalten und Wahrnehmung als wissenschaftlicher Gegenstand angesagter denn je ist. Anscheinend sind wir nach jahrtausendelanger Gemeinschaft endlich neugierig darauf geworden, wie Hunde denken und leben. Demzufolge reicht unsere Sichtweise allmählich über das vermenschlichende „Mein Hund erlebt und empfindet ziemlich genauso wie ich" hinaus und spiegelt eher die Tatsachen wider: Denn das Bewusstsein unseres besten Freundes, der in so vielen Bereichen an unserem Leben teilnimmt, unterscheidet sich derart stark vom menschlichen, dass es schwierig ist, sich in seinen haarigen Kopf hineinzuversetzen.

Versteht mich mein Hund? bietet einen leichtverstandlichen Überblick der jüngsten Forschungserkenntnisse. Das Buch hinterfragt und widerlegt das veraltete Bild vom Hund als „Wolf im Hause", denn obwohl beide identische DNS haben, ist bewiesen, dass das Wesen des Hundes grundlegend durch Domestizierung verändert wurde. Er ist gewiss nicht bloß ein Wolf mit weicherem Fell.

WIE FÜHLT SICH DAS HUNDSEIN AN?

Der erste Teil des Buches widmet jedem hündischen Sinn ein Kapitel. Wir bestaunen die überlegene Geruchsleistung (könnten Sie einen Teelöffel Zucker in einer Menge Wasser riechen, die mehrere Olympiaschwimmbecken füllt? Ihr Hund schon!), das Gehör des Tieres (hochempfindlich auch dank verblüffend beweglicher Ohren, die leiseste Geräusche einfangen) und seine in mehreren Punkten nicht mit unseren zu vergleichenden Augen. Dann untersuchen wir seine vermeintlich hellseherischen Fähigkeiten, mit denen eine kleine, aber beharrliche Minderheit einige besonders eindrucksvolle Leistungen von Hunden erklären will, und stellen uns eine Weltsicht vor, die stärker vom Geruchs- als vom Sehvermögen beeinflusst wird.

WAS WISSEN WIR WIRKLICH ÜBER HUNDE?

Nach unserem Streifzug durch die Welt der Sinneswahrnehmung gilt der zweite Teil des Buches dem aktuellen Stand im Bereich Kognition – was die Wissenschaft meint, was wir sicher wissen und was nicht. Die Forschungsgeschichte wird von Charles Darwin bis hin zu ihren neusten Ausprägungen erzählt: Heute lassen sich Hunde duldsam per Kernspintomograph durchleuchten, damit wir etwas über ihr Gehirn erfahren, können ihren Besitzer auf Fotos erkennen oder in Versuchen zwischen „vertrauenswürdigen" und „hinterhältigen" Personen unterscheiden.

Anschließend geben wir Ihnen Praxistipps zur Körpersprache Ihres Lieblings und schauen uns an, wie differenziert er sich von der Neigung seiner Ohren bis zum Schwanzwedeln auszudrücken weiß. Erfahren Sie, wie man ihm Stress, Unruhe oder richtige Angst ansieht, Spielbereitschaft und Müdigkeit oder schlechte Laune. In einem Abschnitt „übersetzen" wir sogar verschiedene Arten des Bellens.

In den letzten Kapiteln ist eine breite Palette von Spielen und Übungen für Sie beide gemeinsam zusammengestellt. Damit können Sie herausfinden, wie Ihr Hund so drauf ist, und haben quasi ein eigenes Versuchslabor. Testen Sie beispielsweise seine Empathie (gähnt er mit Ihnen?), Pfiffigkeit (kann er zählen und Dinge namentlich zuordnen?) sowie Menschenkenntnis.

Zur Abrundung schildern wir am Ende Aktivitäten, mit denen Sie Ihre Beziehung zum Tier vertiefen können, etwa einen Hindernisparcours zum Selbstbauen, improvisierte Fährtensuche oder eine zehnminütige Tagesroutine, um zusammen Neues auszuprobieren. Nachdem Sie so viel darüber herausbekommen haben, wie er tickt, können Sie dann noch ganz andere Fertigkeiten aus ihm herauskitzeln.

TEIL EINS
DIE WELT MIT ALLEN HUNDESINNEN

Was würden Sie bei einer Begegnung mit einem Außerirdischen antworten, wenn er Sie nach Ihrem Planeten fragte? Vielleicht würden Sie damit anfangen, wie die Erde aussieht, was sich in Ihrem Umfeld an Formen und Farben auftut. Stellte der Außerirdische dann aber Ihrem Hund die gleiche Frage (setzen wir einfach voraus, er könnte sich ohne Sprache verständlich machen), wissen wir, dass die Antwort deutlich anders ausfallen würde. Wahrscheinlich gäbe es zunächst unglaublich ausführliche Geruchsschilderungen, bevor er sich darüber beklagen würde, wie schwierig es ist, eng mit einer Spezies zusammenzuleben, die ihn nie richtig versteht!

In diesem Teil geht es um die Sinne Ihres Hundes und die Welt, so wie sie sich ihm dadurch offenbart. Sie werden einige überraschende Einsichten erhalten, was seine Wahrnehmung der Wirklichkeit betrifft.

KAPITEL 1: HUNDEPERSPEKTIVE

Wie erhält man eine Ahnung vom Weltbild des Hundes? Wir bewerten seine Fähigkeiten tendenziell mit unseren eigenen als Maßstab (Verhaltensforscher sprechen vom „Er versteht jedes Wort, das ich sage"-Syndrom), doch um schätzen zu lernen, wie besonders dieses Tier tatsächlich ist, müssen wir begreifen, dass es sich um eine ureigene Spezies handelt.

DER WOLF IM HAUSE

Die meisten Menschen sind wegen eines Hundes im Haus nicht besorgt, aber wäre das bei einem Wolf genauso? Eher nicht. Dennoch sind die beiden genetisch identisch und lassen sich kreuzen, woraus Wolfshunde entstehen. Sind sie demnach wirklich so verschieden, wie man denkt? Oder verbirgt sich in jedem Hund ein Wolf?

Kurz gesagt: Nein. Allerdings macht die Wissenschaft Wesenszüge des Wolfs leichter in Rassen aus, die ihm optisch gleichen (etwa dem Deutschen Schäferhund), als in weniger ähnlich aussehenden (klar, dem Mops). Wann man mit dem Domestizieren begann, lässt sich historisch nicht genau bestimmen. Es muss vor 15.000 bis 30.000 Jahren geschehen sein, dass Wölfen und Menschen dämmerte, wie sie voneinander profitieren konnten, woraus schließlich Haushunde hervorgingen.

Die Domestizierung begann im Mittleren Osten und dauerte Hunderte, möglicherweise Tausende von Jahren, obgleich Versuchsergebnisse zeigen, dass sie schneller als angenommen vonstattengegangen sein mag.

Vermutlich geschah es zu Anfang willkürlich: Von Natur zutraulichere Wölfe mieden Menschen seltener, ließen sich von ihnen füttern und dann eventuell zum Schutz von Rindern oder Schafen einsetzen, statt Herdentiere als Beute anzusehen. Zuletzt fanden sie Platz am häuslichen Herd, weil sie die Vorzüge von Kooperation anstelle konsequenter Selbstständigkeit entdeckten. Diese zahmeren Wolfshunde vermehrten sich im Allgemeinen untereinander, weshalb sich Merkmale durchsetzten, die wir heute eher mit „Hund" als „Wolf" in Verbindung bringen.

DMITRI BELJAJEW UND DAS FUCHSEXPERIMENT

Der sowjetische Wissenschaftler und Genetiker Beljajew untersuchte für alle Spezies wesentliche Faktoren der Domestizierung. Er führte eines der längsten Tierexperimente aller Zeiten durch, um herauszufinden, ob sich zahme Tiere im Schnellverfahren züchten lassen. Als Versuchsobjekte wählte er Silberfüchse (siehe unten). Ab 1959 wurden mehr als 100 Tiere täglich gefüttert und freundlich behandelt. Diejenigen, die dafür anscheinend empfänglich waren und sich bereitwilliger auf Menschen einließen, verwendete man zur Zucht.

Ergebnisse zeigten sich erstaunlich schnell: In der zehnten Generation legte ein Fünftel der Füchse „zahme" Merkmale an den Tag, und in der 20. war es über ein Drittel. 1964 wackelten die Tiere angesichts vertrauter Menschen mit dem Schwanz, und Mitte der 1970er Jahre kamen die zahmsten auf Zuruf gelaufen. So hatte man in weniger als 20 Jahren eine Teildomestizierung erzielt.

WARUM IST DOMESTIZIERUNG RELEVANT?

Die Tatsache, dass der heutige Hund ursprünglich wild war, spielt durchaus eine Rolle. Forscher gehen seit Darwins Tagen davon aus, dass domestizierte Tiere nicht die gleichen Eigenschaften wie ungezähmte haben. Einige sind sichtbar: weiche, schlaffe Ohren, ein kürzerer und häufig geringelter Schwanz, womöglich auch ein zarteres Fell. Hinzu kommen Verhaltensunterschiede: Zahme Tiere fürchten sich generell nicht so sehr vor dem Unbekannten, erkunden bereitwilliger Neues und setzen geringere Mengen des Hormons Adrenalin frei, das Kampf-oder-Flucht-Reaktionen auslöst.

Domestizierung soll auch weniger wünschenswerte Auswirkungen haben. 2015 ging aus einer Studie an der Universität Kalifornien hervor, dass der Hund infolge der Verkleinerung des Genpools des Wolfs defekte oder schädliche Genvarianten des wilden Artbestands erbte, deren Zahl sich bei gezielter Züchtung auf bestimmte Merkmale weiter erhöht. Somit bestätigte sich die weitverbreitete Ansicht, aus einem größeren Genpool hervorgegangene Mischlinge seien gesünder, wohingegen Tiere mit einzelnen, sehr speziell herausgebildeten Zügen Veranlagungen haben können, die ihre Gesundheit früher oder später gefährden.

DAS HUND-WOLF-EXPERIMENT

Dass Hunde und Wölfe sehr unterschiedlich auf Menschen ansprechen, veranschaulichte eine von 2001 bis 2003 an der Eötvös-Loránd-Universität in Budapest durchgeführte Versuchsreihe. Man ließ eine große Gruppe von Geburt an unter exakt gleichen Bedingungen aufgewachsener Wolfs- und Hundewelpen Aufgaben lösen, die aufs Finden von Futter hinausliefen. Ohne Hilfe war dies teils unmöglich, und die Wölfe erkannten es nicht; sie bemühten sich vergebens allein weiter, während die Hunde nach ein bis zwei Minuten zu ihrer Bezugsperson aufschauten und deren Blick suchten. Sie verstanden anders als die Wölfe, obwohl alle aus ein und derselben Umgebung stammten, dass sie sich zum Lösen von Problemen an Menschen wenden konnten.

UNTER DER HAUT

Hunde sind sehr begabt und anpassungsfähig. Deshalb konzentrierten wir uns lange darauf, ihnen beizubringen, was sie mit ihren Fähigkeiten schaffen können, statt zu beobachten, was sie aus eigenen Stücken tun. Um die Frage, wie es ist, ein Hund zu sein, ging es weniger, doch gegenwärtig rückt seine Wahrnehmung immer öfter in den Fokus der Wissenschaft, und je tiefer man in die Materie vordringt, desto zweifelhafter werden althergebrachte Vorstellungen davon, wie sich Intelligenz und kognitive Prozesse beim Hund beurteilen lassen.

Ein Hindernis auf dem Weg zum Verständnis ist unsere Definition von Intelligenz. Hier setzte der berühmte Biologe Frans de Waal mit dem Konzept der „biologischen Stufenleiter" an, einer Unterteilungshierarchie mit dem Menschen als intelligentestem Lebewesen an der Spitze über allen anderen. Der Maßstab für Intelligenz ist in dieser Rangfolge die Gabe, Methoden zur Lösung von Problemen zu finden und anzuwenden sowie das Ergebnis auszuwerten. Artenübergreifende kognitive Studien zeichneten jedoch im Lauf der Zeit ein wesentlich komplizierteres Bild – nicht unbedingt eine Leiter, sondern ein engmaschiges Netzwerk von Kompetenzen, die von Bedürfnissen, Erwartungen und Motivationen abhängen.

MENSCHLICHE CONTRA HÜNDISCHE REALITÄT

Wir erleben die Wirklichkeit unweigerlich anders als ein Hund. Da sein sensorisches System von unserem abweicht (siehe die folgenden Kapitel), kann er manches gar nicht erleben wie wir. Unterdessen lernen wir ihn zwar immer besser kennen, haben aber in manchen Bereichen weiterhin erhebliche Wissenslücken: Wie funktioniert sein Gedächtnis? Kann er die Zukunft voraussehen? Bedeutet seine Abhängigkeit vom Menschen, dass er nach unserer Auffassung „schlauer" ist als der Wolf, oder hat der Verlust seiner Ungebundenheit ihn verdummen lassen – und wie lässt sich das alles überhaupt messen? Dass sich der Mensch andere Spezies über gemeinsame Fähigkeiten erschließen will, liegt nahe, aber Forscher halten es zwischenzeitlich für lehrreicher, Unterschiede unter die Lupe zu nehmen.

SCHON GEWUSST?

Hunde haben gelernt, wie sie am besten bekommen, was sie wollen und brauchen – Sicherheit, Futter und eine Unterkunft. Dafür nehmen sie in Kauf, vom Menschen abhängig zu sein. Immer mehr Kognitionsforscher sprechen von Wechselseitigkeit: Hunde „gebrauchen" uns genauso wie wir sie.

WIE VIEL WISSEN SIE ÜBER IHREN HUND?

Die meisten Halter wissen bereits recht viel über Hunde, besonders ihre
eigenen. Wie gut kennen Sie sich allgemein mit ihnen aus? Nachfolgend
finden Sie die gängigsten Fragen und Antworten inklusive einiger
nützlicher (teils weniger geläufiger) Fakten.

F: WIE KOMPLEX SIND DIE KÖRPERFUNKTIONEN EINES HUNDES?

A: Hunde haben die gleichen physiologischen Systeme wie alle anderen Säuger, bloß dass sie manche Besonderheiten aufweisen. Ihr Skelett etwa umfasst über 100 Knochen mehr als das menschliche (durchschnittlich 319 gegenüber unseren 206 je nach Rasse). Unsere Körpertemperatur ist mit 37°C niedriger als die des Hundes mit 38,3 bis 39,2°C. Ferner verdaut er Nahrung langsamer, und sein Magen enthält viel mehr Säure – einer der Gründe dafür, dass der Verzehr einiger Dinge für ihn unbedenklich ist, die wir nicht vertragen, sei es verdorbene Nahrung oder manches, das wir grundsätzlich als nicht essbar erachten. Seine Magenflora ist so beschaffen, dass er mit mehr schadhafte Bakterien fertigwird.

F: WARUM UNTERSCHEIDEN SICH DIE ERSCHEINUNGSBILDER VON HUNDEN SO DRASTISCH? WIE KÖNNEN CHIHUAHUA UND BULLMASTIFF DERSELBEN ART ANGEHÖREN?

A: Kein anderes Tier wurde so spezifisch zum Verrichten unterschiedlicher Aufgaben gezüchtet wie Hunde. *Canis lupus familiaris* hat sich als beispiellos flexibel herausgestellt, weshalb man ihn zu vielerlei Zwecken großziehen kann, ob für die Jagd (von Rotwild wie auch Nagern), zum Lasttier oder Spielgefährten wie im Fall von Schoßhunden. Derweil wir „den Hund" in einigen äußerst verschieden aussehenden Rassen nicht direkt erkennen mögen, scheinen sie untereinander zu wissen, dass sie eine Spezies sind, selbst wenn es sich um einen Wolfs- und einen Zwerghund handelt. Große Tiere schränken sich in ihrer Leistung sogar absichtlich ein, um mit kleineren spielen zu können.

F: HUNDE KÖNNEN BEKANNTLICH DENKEN, ABER HANDELN SIE AUCH MIT VERSTAND?

A: Wir wissen, dass sie bis zu einem gewissen Grad überlegen und Dinge herleiten können, ungefähr so wie ein zweijähriges Kind. Auch sind sie erwiesenermaßen in der Lage, Schlüsse zu ziehen. Wissen sie zwei Dinge, folgern sie daraus ein drittes, wie dieses Beispiel zeigt: Man zeigt ein Spielzeug und versteckt es dann unter einem von zwei gleich aussehenden Kartons, die man anschließend schnell miteinander vertauscht, sodass der Hund nicht mehr nachvollziehen kann, wo sich der Gegenstand befindet. Wird der falsche Karton angehoben, geht der Hund sofort zu dem anderen, der das Spielzeug verbirgt, und schiebt ihn weg. Aus der Erkenntnis, wo es nicht war, schloss er also, wo es sein musste. Aktuell untersucht man mit zunehmendem Interesse, inwieweit Hunde ihren Verstand unabhängig von uns gebrauchen, was logischerweise schwierig ist, weil eben Menschen die notwendigen Tests durchführen. Vollständig erschlossen haben wir dieses Feld definitiv noch nicht, weshalb uns Hunde weiterhin mit ihren Fertigkeiten beeindrucken werden.

. . . .

F: SIND SCHLAUE HUNDE BESSERE HAUSTIERE?

A: Gute Frage … Jeder Verhaltensforscher kann Anekdoten von Besitzern erzählen, die sich eine Menge auf ihre blitzgescheiten Hunde einbilden. Tatsächlich aber kann deren Haltung besonders anstrengend sein; sie müssen für gewöhnlich ständig beschäftigt bleiben, damit sie mit ihrer Intelligenz nichts anstellen, was Sie nicht möchten. Darum antwortet mancher Experte verschmitzt „So ein Pech aber auch", wenn ihm jemand von seinem Hundegenie vorschwärmt. Den meisten Haltern dürfte es eher darauf ankommen, dass ihr Tier treu und verlässlich ist.

F: SIND SCHLAUE HUNDE ALLROUNDER?

A: An der London School of Economics wollte man 2016 herausfinden, ob Hunde mit einer Gabe für bestimmte Aufgaben (sagen wir, ein Hindernis zu überwinden, um an eine Leckerei zu gelangen) in anderen Spielen genauso erfolgreich sind – etwa darin, die Richtung einzuschlagen, in die jemand zeigt, sowie zu begreifen, wo etwas ist, nachdem gezeigt wurde, wo es sich nicht befindet, und so weiter. Bei den „Prüflingen" handelte es sich um 68 Border Collies, und diese Rasse gilt gemeinhin nicht nur als ausgesprochen clever, sondern lässt sich auch gut trainieren. Die Studie ergab, dass die klügsten Tiere, die den ersten Test am schnellsten und besten bestanden, ihre Artgenossen größtenteils auch in allen folgenden übertrafen, wenn sie verschiedene Fähigkeiten demonstrieren sollten. Schlaue Hunde scheinen demnach wirklich Tausendsassas zu sein.

KAPITEL 2: HUNDESINNE – SEHVERMÖGEN

Was Sinneswahrnehmung angeht, denken wir beim Hund zuerst an seine ungeheuer feine Nase, wohinter die Augen verdientermaßen den zweiten Platz belegen. Sie sind unseren relativ ähnlich – auch wir haben eine Linse, Horn- und Netzhaut –, doch es gibt wesentliche Unterschiede. Hunde nehmen Bewegungen und Kontraste wie alle Spezies, die sich zu erfolgreichen Jägern entwickelt haben, viel besser wahr als Farben und Details.

WIE HUNDE SEHEN

Hunde haben weniger auf Farben und stärker auf Bewegungen ausgerichtete Augen als Menschen, weil die Zahl ihrer Fotorezeptoren – Stäbchen und Zapfen – nicht im selben Verhältnis steht. Beide befinden sich in der Netzhaut, sind lichtempfindlich und nehmen jeweils andere Funktionen wahr. Stäbchen dienen nicht der Erkennung von Farben, sondern jener von Formen und Bewegungen, weil sie auf wechselnde Helligkeit ansprechen, was sie gerade bei schwachem Licht hilfreich macht. Dagegen sind für Farben und kleine Einzelheiten die Zapfen zuständig.

Das menschliche Auge enthält rund sechs Millionen Zapfen, aufgeteilt in drei Typen für verschiedene Lichtwellenlängen. Darum decken sie ein ganzheitliches Spektrum ab und ermöglichen sogenanntes Dreifarbensehen. Weil dem Hund einer der drei Typen fehlt und er nur etwa 1,2 Millionen Zapfen hat, nimmt er Farben wahr, manche ihrer Abstufungen jedoch nicht. Dahingehend kann man ihn mit einem Menschen vergleichen, der unter Rotgrünblindheit leidet.

In puncto Stäbchen ist es andersherum: Wenngleich wir ihre durchschnittliche Zahl bei Hunden nicht bestimmen können, übersteigt sie auf jeden Fall unsere 120 Millionen. Das heißt, dass sie Licht im Gegensatz zu Farben annähernd fünfmal so gut wie wir wahrnehmen.

Davon abgesehen haben Hunde auch etwas, das wir nicht haben: eine reflektierende Schicht hinter der Netzhaut (*tapetum lucidum*). Sie verstärkt einfallende Strahlen für die lichtempfindlichen Zellen und ist dafür verantwortlich, dass die Augen Ihres Hundes im Dunkeln grün leuchten.

SCHON GEWUSST?

Obwohl sich rote Spielzeuge anhaltender Beliebtheit erfreuen, sollten Sie Ihrem Hund mal ein blaues oder gelbes schenken. Er wird sie viel besser erkennen, wenn er draußen im Grünen herumtollt.

AUGEN AM HINTERKOPF

Im hinteren Teil der menschlichen Netzhaut liegt eine sogenannte Sehgrube, die Licht direkt auf die Zapfenzellen überträgt. Bei Hunden hingegen konzentrieren sich zahlreiche Sinneszellen entlang der Innenschicht
der Netzhaut, wobei man von einem Sehstreifen spricht. Die Sehgrube
hilft uns beim Erkennen kleiner Details, wohingegen der Sehstreifen das
periphere Sehen des Hundes verbessert, sodass er mehr aus dem Augen-
winkel wahrnimmt. Sein Sichtfeld deckt 270° ab, unseres nur 180 bis 190°.
Das bemerken Sie, wenn sie einem Hund zuschauen, der beispielsweise
ein vorbeilaufendes anderes Tier beobachtet. Sein Blick schweift lange
seitwärts, bevor er den Kopf bewegen muss.

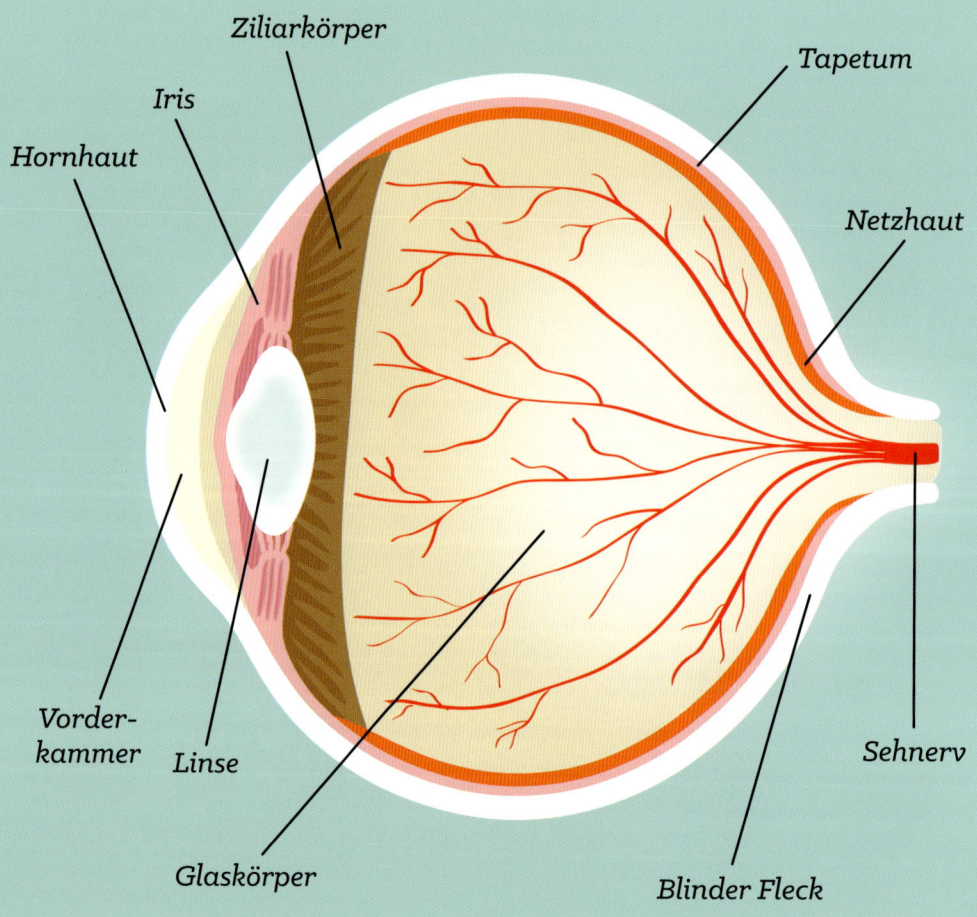

Ziliarkörper

Tapetum

Iris

Hornhaut

Netzhaut

Vorder-
kammer   Linse

Sehnerv

Glaskörper

Blinder Fleck

JÄGER ODER GEJAGTER?

Die Augen von Jagdtieren wie dem Hund liegen vorn am Kopf, jene ihre Beute, etwa von Schafen, an den Seiten. Nach vorne ausgerichtete Augen ermöglichen beidäugiges Sehen, womit Jäger Raumtiefe und Entfernungen akkurat einschätzen können. So haben sie beste Chancen, ihre Opfer zu erlegen, wohingegen Augen an den Kopfseiten Rundumsicht gewährleisten. Dadurch bemerken weidende Tiere Räuber selbst dann, wenn diese von hinten angreifen. Obwohl Hunde ein für Jäger sehr weites Sichtfeld haben, sind ihnen durchschnittliche Beutetiere diesbezüglich überlegen.

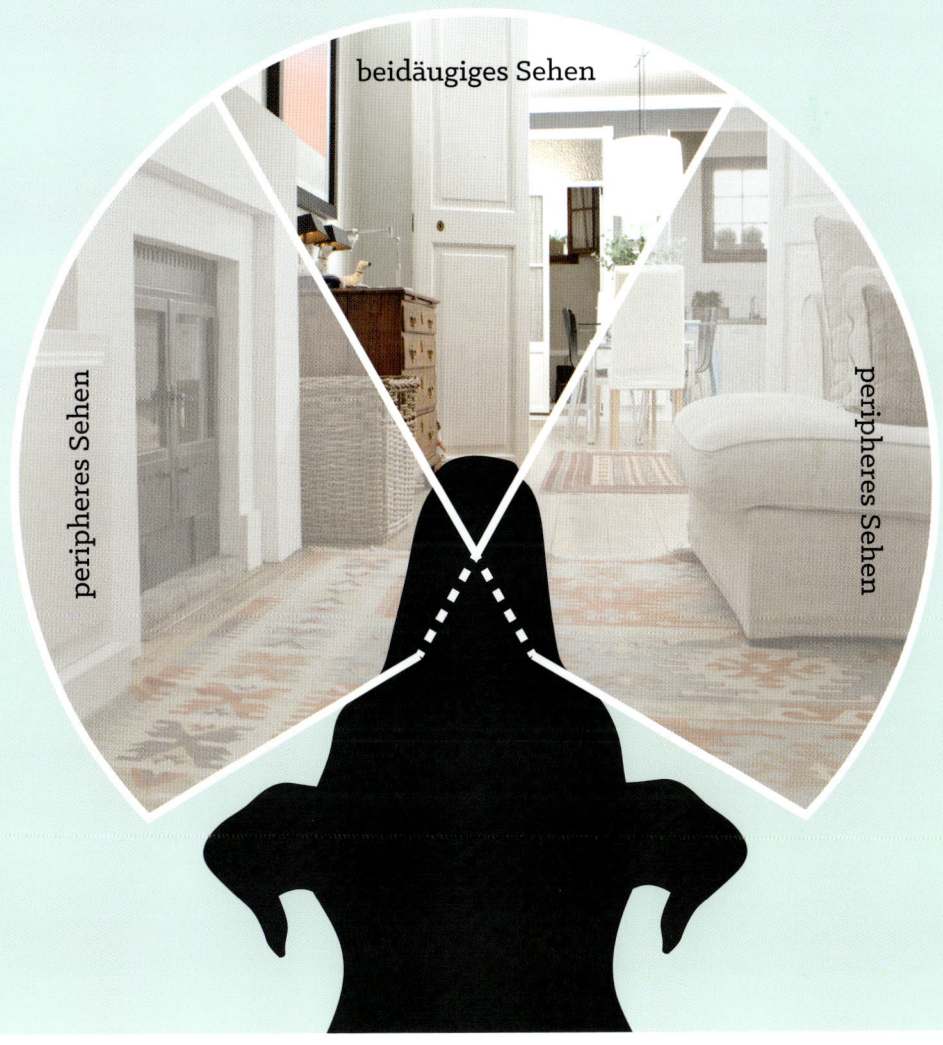

beidäugiges Sehen

peripheres Sehen

peripheres Sehen

Die Sehleistung von Hunden schwankt je nach Rasse. Solchen mit eher platten Gesichtern und kurzen Schnauzen (brachiozephalen), darunter Bulldogge und Mops, fehlen einige der auf der vorigen Seite beschriebenen Eigenschaften. Aufgrund ihrer flacheren Schädelstruktur sind die Augen geradeaus nach vorn gerichtet, was ihr peripheres Sehvermögen im Vergleich zu ihren Verwandten mit längeren Nasen (Schäferhund oder Labrador) einschränkt.

Der Hund ist von Natur aus dämmerungsaktiv, also morgens und abends reger als während der Mittagsstunden. Seine Augen haben sich vermutlich so entwickelt, damit er nicht nur im Hellen jagen konnte. Bewegungen bei dürftigem Licht auszumachen war zum Überleben wichtiger als eindeutige Farbunterscheidung. Ob der Beutetrieb Ihres Tiers stark ist, erfahren Sie beim Gassigehen vor Sonnenuntergang. Ihm fällt auf, wenn Büsche nur ein bisschen wackeln, während Ihnen das schwindende Licht zu schaffen macht. Und weil Farben mit zunehmender Dunkelheit verschwimmen, bringt es nichts mehr, sie unterscheiden zu können.

FARBSEHEN

Die Gewissheit, dass Hunde in Farbe sehen, haben wir erst in jüngerer Zeit gewonnen. Deshalb achteten Forscher zuvor stets darauf, dass Farbe das Resultat ihrer Versuche nicht beeinträchtigte. Das Farbsehen bei Hunden wurde kurz nach der Jahrtausendwende bestätigt, doch weil ihr Wahrnehmungsspektrum begrenzt ist, ging man davon aus, sie hätten keinerlei sinnvolle Verwendung für diese Fähigkeit.

Diese Einschätzung änderte sich infolge eines Experiments, das man 2012 mit nur acht Tieren in Russland durchführte. Es war also sehr minimalistisch, untermauerte aber, dass Hunde nicht nur Farben auseinanderhalten, sondern dies in Tests auch ausnutzten, um ein erwünschtes Ergebnis zu erzielen.

WIE DAS EXPERIMENT ABLIEF

Es war mehrstufig aufgebaut, wobei die einzelnen Aspekte über eine gegebene Zahl von Tagen hinweg zu bestimmten Zeiten wiederholt wurden. Man setzte den Hunden zwei Behälter vor, beide mit einer Leckerei darin und nur eine unverschlossen, an deren Inhalt sie gelangen konnten. Jeder Behälter wurde mit einer von vier verschiedenfarbigen Papierscheiben gekennzeichnet, gelb und blau in einem jeweils dunkleren oder helleren Ton.

Bei den ersten Durchgängen kombinierte man stets Dunkel und Hell, also entweder Hellblau mit Dunkelgelb oder Dunkelblau mit Hellgelb. Die Farben blieben zehn Tage lang gleich, und der offene Behälter war immer mit derselben markiert. So verinnerlichte ein Hund beispielsweise, dass sich seine Belohnung hinter Dunkelblau statt Hellgelb verbarg.

Nach zehn Tagen hatten sich die Tiere an das Spiel gewöhnt und wählten ausnahmslos den zugänglichen Behälter, also wechselte man zu den beiden anderen Farben. Nun sah sich ein Hund, der auf Dunkelblau versteift war, mit Dunkelgelb und Hellblau konfrontiert. Orientierte er sich anhand der Helligkeit der Scheiben, musste seine Entscheidung auf Dunkelgelb fallen; orientierte er sich an der Farbe, würde er zur hellblauen Scheibe gehen.

Das Fazit waren recht eindeutig: Bei über 70 Prozent der Prüfungen (zu viel, um von Zufall sprechen zu können) richteten sich die Tiere nach der Farbe. Hatten sie sich Dunkelblau eingeprägt, bevorzugten sie danach Hellblau, und war es zuerst Hellgelb gewesen, versuchten sie später Dunkelgelb. Nachfolgende aufwendigere Experimente belegten die Resultate: Hunde sehen nicht nur in Farbe, sondern können bei einem Anreiz auch in Farbe „denken".

KENNT IHR HUND IHR GESICHT?

Wie erkennt Ihr Hund Sie? Weiß er, wie Sie aussehen, oder hängt es eher vom Geruch ab, und kann er Stimmungen bereits in Ihrem Gesicht ablesen? Studien in diesem Bereich sind vergleichsweise dünn gesät, doch kürzlich suggerierte eine, Hunde könnten Gesichter auch auf Bildschirmen identifizieren und darin erkennen, wie sich die Person fühlt.

Forscher der Universität Helsinki setzten 2015 31 Hunde 13 verschiedener Rassen – 23 waren Haustiere, 8 stammten aus Heimen – vor Computermonitore und zeigten ihnen aufeinanderfolgend sowohl menschliche Gesichter als auch solche von Artverwandten. Zuerst fiel auf, dass Hunde eindeutig Gesichter von ihresgleichen bevorzugen und sich anscheinend stärker für deren Mimik interessieren. Das überrascht insofern wenig, als Lebewesen die eigene Spezies vertrauter vorkommt und somit leichter verständlich ist.

SCHAU MIR IN DIE AUGEN, KLEINER

Die Muster, denen die Tiere beim Betrachten anderer Hunde wie Menschen folgten (welche Teile ihnen als Erstes ins Auge fielen, wie lange sie auf die einzelnen Züge schauten), waren jenen von Menschen in entsprechenden Tests relativ ähnlich. Im Allgemeinen suchten beide Spezies zunächst die Augen, auf denen ihr Blick dann am längsten ruhte, ehe sie zu den anderen Gesichtsteilen übergingen und auch dem Mund mehr Aufmerksamkeit widmeten. Was Stimmungen anging, sahen sich Hunde gefährlich wirkende Artgenossen gründlicher an, wohingegen sie bei wütenden Menschengesichtern wegschauten, wie um sie zu meiden.

Die Haushunde erzielten mehr Punkte beim Betrachten menschlicher Gesichter und deren Mienenspiel als jene aus Heimen. Sie erkannten sogar auf dem Kopf stehende Bilder, obgleich sie länger dafür brauchten, und wurden besonders neugierig, wenn sie ihr Herrchen auf dem Schirm sahen; sie schauten länger hin, aber ob sie die Person wirklich zuordnen konnten oder nur als bekannter empfanden, lässt sich unmöglich sicher sagen. Die Heimtiere sprachen wie zu erwarten weniger begeistert auf Menschen- als Hundegesichter an.

Augen fokussiert der Hund nicht nur auf dem Bildschirm, sondern auch bei wirklichen Begegnungen mit Personen, und alles, was sie größer erscheinen lässt oder verdeckt, kann ihn beunruhigen oder sogar verängstigen. Brillen und – schlimmer noch – verspiegelte Sonnenbrillen verursachen oft Furcht, da die Tiere sie als jenen starren, strengen Blick mit geweiteten Pupillen interpretieren, den sie bedrohlich finden. Falls Ihnen ein Hund bei einem ersten Treffen scheinbar grundlos eingeschüchtert vorkommt, sorgen Sie dafür, dass alle Anwesenden ihre Brillen abnehmen; er reagiert vielleicht so, weil er sich angestarrt fühlt.

SCHON GEWUSST?

Was erkennen Hunde, abgesehen von Gesichtern auf Bildschirmen? Manche Besitzer behaupten, ihre Tiere würden fernsehen und dabei Geschichtsdokumentationen bevorzugen. Lässt sich herausfinden, was sie währenddessen tatsächlich sehen, oder bleibt alles Spekulation? Hinweise gibt zumindest ihr Blick, wenn sie Bewegungen verfolgen. Dafür scheinen sie sich eher zu interessieren als für die Personen im Bild. Sie beobachten natürliche Bewegungen im TV genauso automatisch wie solche im wirklichen Leben. Läuft also ein Hase oder Reh über die Mattscheibe, erkennen sie instinktiv vertraute Formen und Geschwindigkeiten. Genau das spricht sie an, weil reale Situationen auf anregende Weise nachgebildet werden.

WIE HUNDE WAHRNEHMEN, WAS IHNEN ANGST MACHT

Riechen oder sehen Hunde Furchteinflößendes? Ist es möglicherweise eine Mischung aus beidem? Fast jeder hat schon erlebt, dass er von einem vertrauten Tier nicht erkannt wurde, üblicherweise wegen dicker Winterkleidung, weil er einen Hut trug oder – eine ziemlich häufige Ursache – getönte Brillengläser hatte. So provoziert man als „Fremder" nervöses Bellen, obwohl der Hund als ausgemachte Spürnase eigentlich wittern müsste, um wen es sich handelt, oder?

Der optische Eindruck ist sicherlich wichtig, und viele Hunde hassen das Unbekannte. Eine renommierte amerikanische Verhaltensforscherin feixte einmal, bedingt durch die Mode unter Millennials, sich Hipster-Bärte wachsen zu lassen, habe sie nun mit doppelt so vielen ängstlichen Hunden zu tun wie bisher. Doch mit der Annahme, trotz ungewohnter Kleidung wiedererkannt zu werden, überträgt man menschliche Denkweisen aufs Tier. Derweil uns die Forschung weiter über die bestechenden Fähigkeiten von Hunden aufklärt, vergessen wir schnell, dass sie unter völlig anderen Voraussetzungen als wir arbeitet. Ebenso können uneindeutige Signale („sie riecht gut, sieht aber merkwürdig aus") Angst auslösen, und zahlreiche Versuche haben gezeigt, dass die Spezies zwar die Umrisse anderer von Katzen bis zu Menschen unterscheidet, aber nichts von Kleidungsstücken begreift, seien es Jacken, Mützen oder Sonnenbrillen. Anscheinend sind Kopfbedeckungen und Dinge, die unsere Mimik verbergen, besonders abschreckend. Gegen solche optischen Reize lässt sich ein erwachsener Hund aber desensibilisieren, etwa indem man sich beim Füttern einen Hut oder eine Sonnenbrille abwechselnd an- und auszieht. Um diesen Ängsten gänzlich vorzubeugen, genügt eine sorgfältige, umfassende Sozialisierung von Welpen während ihrer Prägephase in der 8. bis 16. Lebenswoche.

SCHON GEWUSST?

Die Wahrscheinlichkeit dafür, dass Welpen zu ängstlichen Hunden heranwachsen, sinkt umso weiter, je mehr unterschiedliche Erfahrungen sie vom zweiten bis vierten Lebensmonat machen. Sie sollten vielen verschiedenen Menschen, Hunden und anderen Tieren in verschiedenen Umgebungen begegnen. Man setzt sie schrittweise dem Unbekannten aus und achtet darauf, dass sie mit dem Neuem klarkommen.

ANGST VOR ONKEL DOKTOR

Nicht alle Hunde hassen Arztbesuche. Wurden sie schon als Welpen behutsam daran gewöhnt, gefällt vielen ein solcher Ausflug. Angstauslöser sind bei jenen, die sich doch davor fürchten, allerdings nicht unbedingt der Anblick ungewohnter Weißkittel oder die Ahnung, von Fremden angefasst zu werden; es mag genauso am Geruch der Praxis liegen. Eine der alltäglichen Aufgaben des Veterinärs besteht darin, verstopfte Analdrüsen zu reinigen, und deren Sekret ist die gleiche Flüssigkeit, die sehr ängstliche Hunde ausscheiden. Falls Ihrer schon beim Betreten der Praxis nervös war, wird ihn dieser Geruch nicht gerade beruhigen.

AUSNAHMEN VON DER REGEL: WINDHUNDE

Als Besitzer eines Windhundes ist Ihnen eventuell schon geläufig, dass es eine Gruppe gibt, die sich anders als die meisten ihrer Art nicht in erster Linie auf die Nase verlässt. Windhunde sind genauso geruchsempfindlich wie ihre Genossen, doch unter ihnen wurden einige teils über Jahrhunderte hinweg durch Zucht darauf getrimmt, nur mithilfe der Augen zu jagen.

Dazu gehören einige der ältesten Rassen überhaupt: Whippets, Greyhounds, Salukis und Barsois, Afghanen und Pharaoh Hounds. Selbst Laien erkennen, dass diese Tiere zum Laufen abgerichtet sind. In der Vergangenheit setzte man sie typischerweise zur Jagd auf weitläufigem Terrain ein, ob von Hasen auf flachem Weideland oder Antilopen in der Steppe.

Langbeinige, schlanke Tiere mit stromlinienförmig windschnittigen Körpern sind unangefochtene Sprinter. Auf manchen vorzeitlichen Bildkunstwerken im Profil dargestellte Rennhunde lassen sich verblüffend gut erkennen und geben sehr interessante Studienobjekte ab: Wandmalereien im algerischen Tassili n'Ajjer aus dem 6. Jahrhundert v. Chr. zeigen ein Rudel Greyhounds

(oder ihnen sehr ähnliche Hunde) beim Erlegen von gehörntem Wild, und an den Mauern altägyptischer Gräber wurden Vierbeiner verewigt, die an heutige Pharaoh Hounds erinnern.

Bei keiner anderen Rasse ist das Sehvermögen so stark ausgeprägt wie unter Windhunden, die auch unglaublich schnell auf Bewegungen potenzieller Beute reagieren. Sie gelten schon lange als Statussymbole: Im 16. Jahrhundert, als die Jagd mit Hunden ein Muss für junge Adlige war, konnten sie eine Menge Geld kosten. In Großbritannien wurde angeblich ein Tier für 240 Pennys verkauft, was derzeit knapp 3.000 Euro entspricht.

SCHON GEWUSST?

Die schnellsten Windhunde überholen die meisten anderen Tiere. Der Rekord des schnellsten Greyhound liegt bei 81km/h, was einem Löwen oder einer Thomson-Gazelle im vollen Lauf entspricht, aber immer noch hinter Geparden als schnellsten Tieren der Welt liegt, die bis zu 113km/h erreichen.

KAPITEL 3: HUNDESINNE — RIECHEN

Jeder weiß, dass Hunde einen außergewöhnlich feinen Geruchssinn haben. Es gibt viele Geschichten über ihre Ausnahmenasen, doch was steckt dahinter, und warum wittern manche Hunde bestimmte Dinge besser als andere? Ist es eine natürliche Gabe oder „gelernt"? In diesem Kapitel beleuchten wir, was es mit dieser Besonderheit auf sich hat.

SINN DER SUPERLATIVE

Der Geruchssinn ist der mit weitem Abstand am stärksten ausgeprägte des Hundes. Deshalb können wir uns schlecht vorstellen, wie er funktioniert. Einer Anekdote zufolge hat es schon einer fertiggebracht, unter tonnenweise Äpfeln einen einzigen faulen zu finden. Unser bester Freund ist uns in dieser Hinsicht überlegen, und die statistischen Zahlen machen regelrecht sprachlos.

Das menschliche Riechvermögen ist im Vergleich nicht nur dürftig, sondern auch ungeübt: Wir bewerten Situationen eher mit den Augen als der Nase. Natürlich müssen sich aber beide Organe immerzu auf neue Umstände und Reize hin ausrichten, um relevante Informationen zu erhalten.

NICHTS BLEIBT UNBEMERKT

Davon abgesehen, dass Hunde auch über weite Entfernungen hinweg Fährten aufnehmen, können sie unterscheiden, was sie jeweils wittern. Menschen haben generell keine Schwierigkeiten, Dinge optisch auseinanderzuhalten; sehen wir etwa einen Stapel Bücher, erkennen wir ihn als solchen, genauso wie die Bände im Einzelnen. Würden Sie demnach aufgefordert, einen bestimmten Titel herauszuziehen, wäre dies anhand der Angaben auf dem Rücken oder der Farbe ohne zu zögern möglich – bloß, anders als bei Hunden, eben nicht dank der Nase. Experten veranschaulichen das so: Riechen wir draußen durch ein Fenster etwas Appetitliches, sind wir in der Lage, es beispielsweise als Hühnersuppe zu identifizieren, nicht aber die Zutaten wie Fleisch, Karotten, Lauch oder Kartoffeln, geschweige denn die unterschwelligen Aromen von Thymian, Salz und Pfeffer. Für den Hund ist das ein Klacks. Tests haben gezeigt, dass er die Unterscheidung auch mithilfe des Gaumens vornimmt, so wie wir analog auf bedruckten Textilien erst das Gesamtmotiv bewundern und dann die verschiedenen Formen und Farbabstufungen im Detail.

DER NASE NACH

Wie viel besser als Sie riecht Ihr Hund? Schätzungen weichen erheblich voneinander ab. Man kann die Zahl seiner Sinneszellen in Betracht ziehen und dennoch nur mutmaßen, wie sie seine Wahrnehmung konkret beeinflussen. Ob Hunde nun, wie manche behaupten, zehn- oder hunderttausendmal besser riechen als wir: Berichte von professionellen Spürhunden, die sich ihr Futter mit der Nase verdienen, sind vielleicht am aufschlussreichsten.

- Ein Hund witterte einen mehrmals in dicke Plastikfolie gewickelten Marihuana-Block, der in einem vollen Benzintank steckte.

- Zwei abgerichtete Hunde am Puget Sound spürten Kot von Walen, der zur Erforschung wildlebender Meeressäuger frisch sein muss, aus 2 km Entfernung in der Tiefsee auf. Die Forscher folgten der vorgegebenen Richtung zunächst nicht, weil sie nicht fassen konnten, wie empfindlich die Nasen der beiden waren.

- In Vergleichstests haben sich Hunde, die zum Erschnüffeln von Krebszellen erzogen wurden, als genauso verlässlich oder sogar verlässlicher als Scanner herausgestellt.

DER AUFBAU EINER HUNDENASE

Es stimmt: Angesichts ihrer Fähigkeiten müssen die Nasen von Hunden recht komplex aufgebaut sein. Das Aus- bzw. Einatmen erfolgt unabhängig voneinander (so bleiben einströmende Gerüche unverfälscht), und sie sind strukturell so beschaffen, dass sie Pheromone wittern – natürliche Duftstoffe, die wir Menschen nicht bewusst wahrnehmen. Das heißt, Gerüche werden fortwährend mittels zweier größtenteils getrennter Systeme verarbeitet.

Riechschleimhaut
Eine Höhle im hinteren Nasengang mit Sinnesrezeptoren.
Mensch
2,5 cm² Oberfläche, ca. sechs Mio. Rezeptoren
Hund
75 cm² Oberfläche, ca. 250 Mio. Rezeptoren

Querschnitt

Riechkolben
Hirnregion zur Verarbeitung von Signalen der Riechschleimhaut. Riechkolben sind beim Hund dreimal so groß wie menschliche, während sein Gehirn zehnmal kleiner ist.

Gehirn

Nasenlöcher
Luft wird durch Seitenschlitze ausgeatmet, um keine einströmenden Gerüche abzuschwächen.

Jacobson-Organ
Sinnesorgan zur Wahrnehmung von Pheromonen vermittels der feuchten Hase des Hundes.

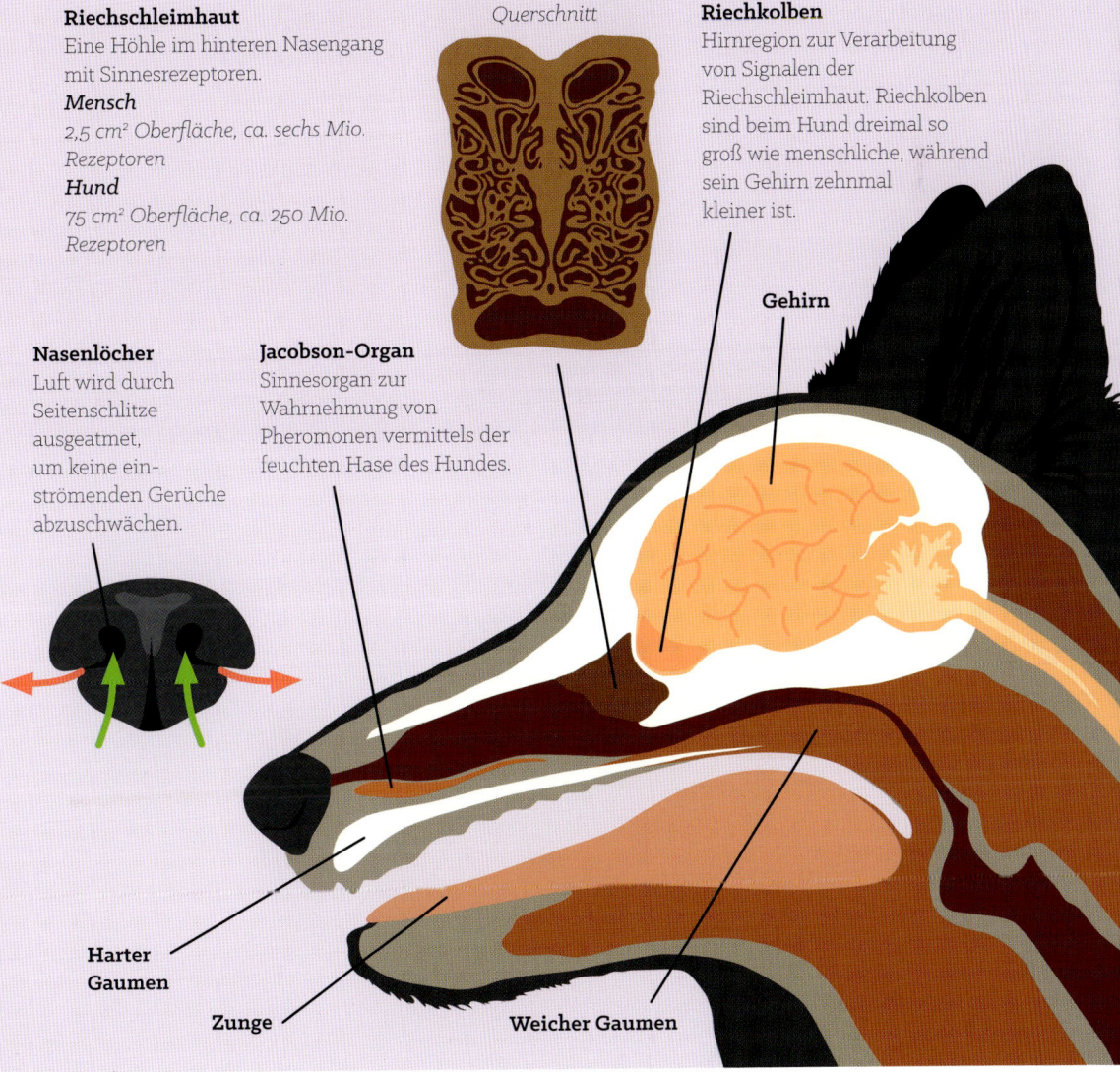

Harter Gaumen

Zunge

Weicher Gaumen

WIE HUNDE RIECHEN

Die Nase des Hundes ist normalerweise bekanntlich leicht feucht. Dadurch fällt es ihm leichter, flüchtige Duftmoleküle „einzufangen" und einzuatmen, wobei er die beiden Löcher unabhängig voneinander kräuseln kann, weshalb ihm umso weniger aus ihrer Umgebung entgeht. Während er wie wir sowohl durch die Nase atmet als auch damit riecht, ist er im Gegensatz zu uns anatomisch bedingt imstande, beides separat zu tun. Eine Gewebefalte vorn an den Innenseiten der Löcher leitet die einströmende Luft. Sie passiert die feinen Härchen an den Wänden, die Zilien, und während ungefähr zwölf Prozent eingeatmet werden, gelangt das meiste in einen zurückstehenden Bereich hinten in der Nasehöhle, das Epithel. Dort findet das eigentliche Riechen statt, die Restluft dient dann in der Lunge zum Atmen.

Beim Ausatmen entweicht die Luft durch seitliche Schlitze an den Nasenlöchern, also kontaminiert oder verfälscht sie nicht jene Moleküle, die der Hund durch die größeren mittleren Löcher einsaugt.

Das Riechepithel im hinteren Nasenraum nahe am Gehirn überzieht ein dichtes Geflecht aus Knochenlamellen – die Nasenmuscheln – mit einer komplexen Oberflächenbeschaffenheit und durchschnittlich geschätzten 250 Millionen Geruchsrezeptoren (zum Vergleich: Menschen haben nur sechs Millionen). Durch „Aussieben" der Duftmoleküle, die im Epithel ankommen, werden sie je nach ihrer chemischen Zusammensetzung gruppiert, und dementsprechend geben die Rezeptoren elektrische Impulse ab, die den Hund auswerten lassen, was er riecht. Ein Großteil seines Hirns – manche sprechen von einem Drittel – ist zum „Lesen" dessen vorgesehen, was die Nase an Infos zusammenträgt.

EIN ZWEITES SYSTEM: DAS JACOBSON-ORGAN

Das Vomeronasal- oder Jacobson-Organ ist für die Erfassung von Pheromonen zuständig und befindet sich mit einer Öffnung zum Mund hin vom „normalen" Geruchsapparat entkoppelt unten in der Nase. Seine Rezeptoren sind auf die großen Moleküle der Botenstoffe ausgerichtet, die jedoch für das Tier keinen Geruch an sich haben; vielmehr enthalten sie für die Spezies charakteristische „Hinweise", die über das gänzlich unabhängige Nervennetz des Organs direkt ans Hirn geleitet werden. All dies geschieht völlig losgelöst vom anderen Geruchssystem

DIE LUST AM RIECHEN

Dass der Hund eine zumindest für uns unbegreifliche Empfindlichkeit gegenüber Duftmolekülen an den Tag legt, wirft Fragen auf. Eine oft gestellte lautet: Wieso findet mein Tier trotz seiner sensiblen Nase Gefallen an vielem, was fürchterlich stinkt?

Ob Erbrochenes, Fäkalien, fauler Fisch oder verdorbene Essensreste – Hunde scheinen vieles gern zu riechen, was Menschen abstößt, und schrecken nicht davor zurück, genauer zu untersuchen, was uns zum Würgen reizt. Uns kommt merkwürdig und widerlich vor, wenn sie an etwas Totem oder Modrigem schnuppern, zumal sie es sichtlich analysieren wie Weinliebhaber einen seltenen Jahrgang, dessen Bouquet sich an ihrem Gaumen entfaltet.

Was der Hund an ekelhaften Gerüchen mag, bleibt ungewiss, denn eine verbindliche Erklärung gibt bisher kein Experiment. Allerdings bestehen zwischen ihnen Gemeinsamkeiten: Gestank ist größtenteils sehr intensiv und eher natürlicher Art als künstlich. So fällt auf, dass sich die meisten Tiere gegen menschliche Alltagsartikel mit Duftstoffen sträuben. Parfüms oder Lufterfrischer bringen sie zum Niesen, und die meisten drehen den Kopf zur Seite, wenn sie sich ihnen nähern.

„ROLLEN"-SPIELE

Darüber hinaus, dass sie ihre Nase dort hineinstecken, wo wir uns mit Grausen abwenden, schließen viele Hunde, falls man sie lässt, die unverhoffte Schwelgerei ab, indem sie sich in ihrer garstigen Entdeckung wälzen. Angesichts dessen gibt man als Halter seufzend auf. Kann man es als hündisches Pendant zum Einnebeln mit einem herrlichen Parfum ansehen, oder geht da mehr vor sich?

Auch das ist nicht endgültig geklärt, obgleich Fachleute einige Theorien darüber aufgestellt haben. Die naheliegendste: Der Hund empfindet die jeweiligen Düfte einfach als angenehm und kann nicht genug davon bekommen. Zweitens möchte er vielleicht imponieren: Um bei Artgenossen Anschluss zu finden, zeigt er, dass er Zugang zu den tollsten Sachen hat. Drittens könnte er evolutionsgeschichtlich bedingt versuchen, seinen natürlichen Eigengeruch mit einem stärkeren zu verschleiern, wie um seine Beutechancen beim Jagen verbessern. Die meisten Wissenschaftler bewerten den Auslöser dieses Rollverhaltens als Überbleibsel aus der undomestizierten Vergangenheit der Art.

Was Hundeprofi Stanley Coren sagt, klingt besonders plausibel: Durchdringende, für uns abartige Gerüche übten auf Hunde den gleichen Zauber aus wie ein grellbuntes Hawaii-Hemd auf einen ausgelassenen Touristen.

FACEBOOK FÜR HUNDE

Halter fragen sich oft, ohne es laut aussprechen zu wollen, warum ihr Hund geradewegs das Hinterteil anderer ansteuert, wenn er ihnen zum ersten Mal begegnet. Erfährt er dort etwas, das er am Kopf nicht vorfindet? Und warum interessiert er sich so brennend für den Urin und Kot fremder Vierbeiner, dass er nicht daran vorbeigehen kann, ohne zu schnuppern?

Sich gegenseitig am Anus zu beschnüffeln dient als klassisches Beispiel dafür, dass Menschen und Hunde grundverschieden sind – und umso mehr, als es sich dabei um die höflichste Form des Begrüßens handelt, vor allem bei einer Erstbegegnung. Es entspricht unserem Händeschütteln. Fällt ihrem Hund der Umgang mit anderen leicht und strahlt er soziales Selbstbewusstsein aus, wird er sich auf diese Weise vorstellen. Fremden die Nase ins Gesicht zu strecken zeugt von ungehobelter Direktheit und geschieht in der Regel erst, wenn man sich „Nase zu Schwanz" begegnet ist.

Begründet liegt dies in den Analdrüsen und hängengebliebenen Urintropfen, denn sie enthalten das meiste von dem, was ein Hund über den anderen erfahren will. Die beiden erbsengroßen Säcke befinden sich vorn an den Innenseiten des Anus und enthalten eine Flüssigkeit, die nicht nur scheußlich riecht (das weiß jeder, der seinen Hund schon einmal beim Tierarzt daran behandeln ließ), sondern auch ein individuelles Geruchsbild abgibt. Darin vereinen sich Pheromone aus den Schweiß- und Talgdrüsen. Die in diesem Bereich aufgeschnappten Informationen der Botenstoffe werden über das Jacobson-Organ ins Hirn geleitet: sowohl Allgemeines wie das Geschlecht der neuen Bekanntschaft als auch Tiefgreifenderes zu ihrem Gesundheitszustand, Alter, Essverhalten und Gemüt.

Weil Hunde, wenn sie selbst nicht zugegen sind, in erster Linie etwas über ihren Urin von sich preisgeben, nennt man ihn im englischsprachigen Raum, auf E-Mails anspielend, scherzhaft *pee-mail*. Sie setzen ihn als Auskunftsmittel sparsam ein; bei jedem Spaziergang besprengen vor allem männliche Tiere Wegpunkte, damit andere daran riechen. Über die Motivation dahinter mutmaßt man. Studien bestätigen nicht, dass es, wie lange angenommen, der Gebietsmarkierung dient, und legen nahe, es sei ein Erbe des Wolfes, das wir noch nicht vollständig begreifen.

SCHON GEWUSST?
Wittert ein Hund den Kot eines anderen, handelt es sich um dessen Analdrüsensekret, von dem er nach seinem Geschäft ein, zwei Tropfen ausscheidet. Mit dieser geringen, aber streng riechenden Menge sagt er: „Ich war hier", wobei vehementes Scharren den Vorgang abschließen kann.

KLASSENBESTE

Bezüglich seines Geruchssinns ist gewiss kein Hund minderbegabt, aber man würde schon gern wissen, wo der eigene auf einer Rangliste der besten Riecher stünde. Akademiker haben sich lange gefragt, ob die talentiertesten immer aus Rassen hervorgegangen sind, mit denen man nicht gerechnet hätte. Fährtensuche dient in diesem Fall für gewöhnlich als ultimative Probe.

Die Rasse spielt definitiv eine Rolle. Brachiozephale Hunde mit kurzen Nasen etwa erzielen in Tests unweigerlich schlechtere Ergebnisse als das Gros, was auch nachvollziehbar ist: Das platte Riechorgan bietet den kompliziert aufgebauten Nasenmuscheln, die entscheidend für die Leistung sind, weniger Platz. Weit vorn hingegen liegen Jagdhunde, die ihrem Namen gemäß selektiv aufs Wittern hin gezüchtet wurden, des Weiteren jedoch auch einzelne Gerüche auswählen und verfolgen können. Zu dieser Gruppe zählen verschieden große Rassen von Dackel über Beagles und Foxhounds bis zum Basset. Der Bluthund steht als unangefochtener Sherlock Holmes aller Spürnasen an der Spitze. Er hat an die 300 Millionen Rezeptoren (der Durchschnitt liegt wie erwähnt bei 250 Millionen) und körperliche Eigenschaften, die ihm von Natur aus Vorteile verleihen: Seine langen Schlappohren lenken Duftmoleküle zur Nase, und ihre breite, tiefe Schnauze, ein geräumiger Kanal für Luft, engt die Nasenmuscheln nicht ein. Ferner hat er sehr kräftige Schultermuskeln, sodass er Spuren nachlaufen kann, indem er über lange Phasen hinweg die Nase dicht am Boden hält, ohne zu ermüden – gut so, denn er liest Fährten bis zu 210 km und ist berüchtigt dafür, selbst alte aufzunehmen; mancher soll einen Geruch auch noch nach 20 Tagen wahrgenommen haben.

DIE KUNST DES VERFOLGENS

Kaum ein eifriger Hund lässt sich von einer Spur abbringen. Bei älteren Düften spricht man üblicherweise von „Fährtenarbeit" – eigentlich bedeutet es, Spuren am Boden zu folgen –, bei frischen von „Trailing". Letzteres läuft weniger geradlinig ab, da sich der Hund an Molekülen orientiert, die noch in der Luft schweben; wenn Sie beobachten, wie er den Kopf hebt und schnuppert, grenzt er wahrscheinlich bestimmte Teilchen ein. Entgegen der landläufigen Auffassung, man könne ihn abhängen, indem man einen Wasserlauf überquert, wird ein erfahrenes Tier die Fährte am anderen Ufer schlicht wiederaufnehmen.

DIE 10 TOP-SPÜRHUNDE

Die Rassen, die weltweit zur Fährtensuche eingesetzt werden, decken ein überraschend breites Spektrum ab. Die folgenden finden sich regelmäßig unter den zehn besten wieder.

1. Bluthund

2. Basset

3. Beagle

4. Deutscher Schäferhund

5. Labrador Retriever

6. Belgischer Schäferhund

7. Springer Spaniel

8. Coonhound *(Black and Tan, Bluetick, English, Redbone, Treeing Tennessee, Treeing Walker)*

9. Deutsch Kurzhaar

10. Pointer

DETEKTEI-HUND

Eine eher strittige Art, die natürliche Gabe von Hunden zu nutzen, ist „Geruchsgegenüberstellung". Dabei lässt man ein ausgebildetes Tier an einem Gegenstand schnuppern und einen Täter bestimmen, wozu er dann an Behältern riecht, von denen einer Duftproben des Verdächtigen enthält, der Rest solche beliebiger Personen. So sehr sich Verbrecher bemühen, nicht auf sich hinzuweisen, verströmen sie doch immer Gerüche, also können Hunde sie ausfindig machen … heißt es. In den letzten 30 Jahren galten auf diese Weise gewonnene „Indizien" in mehreren Staaten als zulässig, doch selbst eingefleischte Hundefreunde räumen ein, dass die Methode unzuverlässig ist. Derweil die Teilnehmer an einem Versuch in den Niederlanden in 85 von 100 Durchläufen richtiglagen, sieht es anderswo weniger eindeutig aus. In Texas entbrannte eine Diskussion über fehlende Reglements bei einigen Geruchstests, was mit einem intensiven Rechtsstreit einherging, nachdem die Zahl der US-weiten Verurteilungen, die auf dieser Grundlage allein ausgesprochen wurden, unverhältnismäßig angestiegen war.

Zum Einsatz kamen überwiegend Blut- und Deutsche Schäferhunde, deren außerordentliche Fähigkeiten kein Zweifler anfechten würde. Der Mensch kann aber wohl noch nicht genau genug „übersetzen", was ihm das Tier sagt, um dieses Verfahren zur Bestimmung von Gesetzesbrechern zu genehmigen.

SCHON GEWUSST?

Der American Kennel Club bietet Spurensuchtests in drei Stufen an. „The Tracking Dog" entspricht Anfängerniveau und erfordert, dass der Hund einer 400 bis 450 m langen, zwei Stunden alten Fährte folgt. Auf der dritten Stufe „Variable Surface Tracking" ist es eine 550 bis 730 m lange Spur mit vielen Richtungswechseln, die bis zu fünf Stunden alt sein kann. Nur fünf Prozent der Teilnehmer, die dieses Niveau erreichen, bestehen die Prüfung. Ein Hund, der alle drei Stufen erfolgreich durchläuft, erhält den Titel „Champion Tracker".

DER KLEINSTE POLIZEIHUND DER WELT

Geht es um Polizeihunde, denkt man in der Regel an Deutsche Schäferhunde, doch im Geauga County des US-Bundesstaats Ohio gehört seit 2006 Midge, eine Kreuzung aus Chihuahua und Rat Terrier, zur Hundestaffel der Gesetzeshüter. Sie war damals erst drei Monate alt, wiegt heute 3,6 kg und zwängt sich dank ihrer Körpermaße dort hinein, wo ihr Kollege Brutus – ein Schäferhund – zu groß ist. Sie ist auf zehn verschiedene Drogenarten spezialisiert und gelangt in fast jeden Winkel, wo diese versteckt sein könnten, ist aber kein Unikum; 2010 testete man in der westjapanischen Präfektur zum ersten Mal Chihuahua-Dame Momo als Rettungshündin. Sie sollte an einer Mütze schnuppern und deren Besitzer in weniger als einer Minute bestimmen, was ihr mit Bravour gelang.

SCHNUPPERN MACHT SCHULE

Fernverfolgung ist nur eine Möglichkeit, den Geruchssinn von Hunden aus-
zuschöpfen. Aufgrund ihrer Flexibilität und Bereitschaft zur Teamarbeit mit
uns verrichten sie heute viele Aufgaben vom Sicherstellen illegaler Subs-
tanzen über Personenrettung bis zur Trüffelsuche, auf welche der Lagotto
Romagnolo (siehe unten) abgerichtet ist.

All diese Jobs erfordern eine gesonderte Ausbildung, in deren Rahmen man
dem Tier bestimmte Düfte einschärft und beibringt, Ablenkungen auszublen-
den. Im Großen und Ganzen beruht das Training auf dem gleichen Muster,
ob es nun um Sprengstoff, Drogen oder Überlebende nach Naturkatastrophen
geht. Unterdessen lernt der Hund weitere Kompetenzen wie die Kooperation
und Kommunikation mit seiner Bezugsperson, womit man häufig schon bei
nur acht Wochen alten Welpen anfängt.
Erst wenn diese Phase nach etwa
anderthalb Jahren abgeschlossen
ist, beginnt die Spezialisierung und
Vertiefung im jeweiligen Bereich.

EIN ALLTAG VOLLER AROMEN

Vergleichen wir die Nase des Hundes mit unseren Augen, erhalten wir eine vage Ahnung davon, wie er das Riechen erlebt, denn in gleicher Weise, wie das menschliche Sehvermögen uns zu diesem und jenem befähigt, tut es der Geruchssinn bei ihm. Allerdings bleibt die Erfahrung abstrakt, weil sie so anders ist als unsere.

Stellen Sie sich ein Feld nach nächtlichem Schneefall vor. Es ist von den Spuren zahlloser Tiere schraffiert, die es vorm Morgengrauen durchquerten; Vögel, Füchse, Mäuse und andere Nager haben Abdrücke hinterlassen, weshalb man ihre Vielfalt auf den ersten Blick erkennt und auch einzelnen Spuren folgen kann, die sich überkreuzen. Man darf annehmen, dass es dem Hund ähnlich geht, wenn er dasselbe Feld auch ohne Schnee riecht, bloß sind dann Duftmoleküle das Medium. Er nimmt die Fährten nicht optisch wahr, sondern erhält sofort ein grobes Bild davon, wie viele Tiere das Feld kürzlich passiert haben, und kann einzelne Fährte visuell aufnehmen, falls er sich darauf konzentriert.

WEGORIENTIERUNG

Im Wald entfernen wir uns nicht weit von Pfaden. Vogelbeobachter mögen Ausnahmen machen, um herauszufinden, ob sie sich etwa einen Flügelschlag, der ihnen aufgefallen ist, doch nicht nur eingebildet haben, und Hobbybotaniker gehen eventuell Umwege, wenn ihnen eine seltene Orchidee auffällt. Hunde verhalten sich anders; lässt man sie von der Leine, untersuchen sie in einem fort neue Dinge, die sie interessieren. Manches davon bemerken auch wir (einen Hasen, der sich durch Rascheln bemerkbar macht), vieles jedoch nicht. Falls Ihr Hund einer Rasse angehört, die sich stark auf ihre Nase verlässt, oder so veranlagt ist, sind Sie daran gewöhnt, dass er eigenständig abschweift, um seine Neugier zu befriedigen. Indem Sie das Talent als Berufung und Zweck auffassen, dürfte Ihnen klarwerden, was es ihm bedeutet; es ist ein Geschenk der Natur und hält ihn geistig auf Trab.

DIE WELT DURCH SEINE AUGEN

Die leidenschaftliche Verhaltensforscherin Alexandra Horowitz hat durchaus sachkundige Vermutungen darüber angestellt, wie es ist, ein Hund zu sein. Sie schlägt vor, beim Spaziergang auf den Spuren Ihres Lieblings zu wandeln. Empfinden Sie nach, was er fühlt, riecht und in der Landschaft sieht, die sich vor ihm auftut, indem Sie seine Größe berücksichtigen (selbst hochgewachsene Hunde haben eine andere Perspektive als Menschen). Sie erfahren eine Menge, wenn Sie ihn genau beobachten, da er viele Hinweise darauf gibt, wie er das „Gassi gehen" erlebt. Achten Sie darauf, wie er sich ablenken und von einem bestimmten Ort anziehen lässt, Fährten anderer Hunde „liest" und seine eigene hinterlässt.

KAPITEL 4: HUNDESINNE – HÖREN

Hunde hören nicht nur unheimlich gut, sondern auch selektiv. Als Halter kennt man das: Unserer ignoriert eine im Nachbargarten rumpelnde Betonmaschine, ist aber sofort auf Draht, wenn jemand im Wohnzimmer mit einer Tüte Kartoffelchips raschelt. In diesem Kapitel nehmen wir uns seine Geräuschwahrnehmung vor, die Reichweite seines Gehörs und Laute, mit denen er sich selbst mitteilt.

FUNKTIONSWEISE DER OHREN

Auch wenn sich Hundeohren äußerlich voneinander unterscheiden (lang herabhängend und schlabbrig, nach oben gerichtet, knopfförmig mit gerade abgeknickten Spitzen …), geht innen immer das Gleiche vor sich. Ihr Aufbau ähnelt jenem unserer Ohren stark – mit einem maßgeblichen Unterschied: Die äußere Muskelstruktur ist extrem beweglich und so beschaffen, dass sie Geräusche proaktiv aufnimmt und nicht bloß empfängt.

Mit 18 Muskeln an der Wurzel (Menschen haben nur sechs) sind Hunde in der Lage, ihre Ohren zu drehen, statt passiv Laute einzufangen, die auf sie treffen. Versuchen Sie mal, mit Ihren eigenen in diese oder jene Richtung zu wackeln: keine Chance. Möchten wir etwas genauer hören, müssen wir ein Ohr der Geräuschquelle zuneigen, indem wir den ganzen Kopf drehen. Dass der Hund das nicht nötig hat, verschafft ihm einen großen Vorteil. Außerdem kann er beide Lappen unabhängig voneinander bewegen und so Geräusche aus zwei verschiedenen Richtungen gleichzeitig erfassen.

Wie leicht zu erahnen, haben diejenigen Hunde mit dem besten Gehör Ohren, die jenen des Wolfs besonders stark ähneln, also offen, aufgerichtet, breit und oben spitz. Nichtsdestoweniger hören alle Rassen, auch solche mit langen Schlappohren, merklich besser als jeder Mensch. Die Entfernung, aus der sie Schall wahrnehmen, ist Studien zufolge viermal weiter, und die Beweglichkeit der Organe bedeutet auch, dass sie auf Geräusche anspringen, die wir nicht registrieren. Oft sieht man, wie sich die Ohren eines Hundes beispielsweise Sirenengeheul zuwenden, und hört den Krankenwagen selbst erst Sekunden später.

IM OHR

Sobald ein Geräusch aufs Hundeohr trifft, wird es durch den Hörkanal zum Trommelfell am Eingang des Mittelohrs geleitet. Schall wird als Vibrationen wahrgenommen und gelangt über das Gleichgewichtsorgan (enthält die kleinen Knochen Hammer, Amboss, Steigbügel) zur gewundenen Hörschnecke im Innenohr. Sie wandelt die Vibration zu Nervenimpulsen um, die sich am Hörnerv entlang ausbreiten, damit das Hirn sie verarbeitet.

Gehörknöchelchen
(Hammer, Amboss, Steigbügel)

Gleich-
gewichts-
organ

Hör-
schnecke

Hörnerv

Ohrmuschel

Ohrtrompeten-
öffnung

Hörkanal

Trommelfell

Trommelfell-
höhle

SCHON GEWUSST?

Hunde werden tatsächlich mit verschlossenen Hörkanälen geboren. Sie bleiben ungefähr drei Wochen lang taub, bis sich die Kanäle öffnen und das Gehör funktioniert.

WELCHE BANDBREITE?

Das Gehör des Hundes deckt sowohl einen weiteren Entfernungsradius als auch ein breiteres Frequenzspektrum ab als das menschliche. Während sie im tiefen Bereich mit uns ungefähr gleichauf liegen, sind sie imstande, viel höhere Töne wahrzunehmen als wir. Deshalb reagieren sie auf Töne einer Pfeife, die der Bläser selbst gar nicht hört.

STATISTISCHES

Schall wird in Schwingungen pro Sekunde oder Hertz (Hz) gemessen. Trotz vieler Experimente im Lauf der letzten 60 Jahre, um das exakte Frequenzband zu bestimmen, das Tiere hören, ist das letzte Wort diesbezüglich noch nicht gesprochen. Logischerweise kann uns kein Tier erzählen, ab welcher Tonhöhe es etwas wahrnimmt.

In Versuchen mit Hunden wurden die Probanden einseitig mit einem anschwellenden Geräusch beschallt und erhielten automatisch eine Belohnung, sobald sich bemerkbar machte, dass sie es hörten. Die Ergebnisse fanden zwar keine einhellige Anerkennung und waren auch nicht wissenschaftlich präzise, gelten aber weithin als vernünftige Leitlinie. Sie besagen, dass Hunde Schwingungen zwischen 67 (tief) und 45.000 Hz (hoch) wahrnehmen. Beim Menschen sind es 64 bis 23.000 Hz.

Verglichen mit uns haben Hunde ein überragendes Gehör, das gleichwohl nicht ohnegleichen ist, weder in Ihrem Wohnzimmer noch dem Tierreich insgesamt. Katzen stechen sie mit 45 bis 64.000 Hz aus.

„HÖHERE" VERKAUFSMATHEMATIK

2011 versuchten findige Werbestrategen, Kapital aus dem Hörvermögen von Hunden zu schlagen, und produzierten den ersten TV-Clip, der sich an diese vierbeinige Zielgruppe richtete. Die Begleitmusik, zu der Stimmen und Gebell erklangen, war mit einer weiteren Spur überlagert, deren Frequenzspektrum kein Mensch hören konnte. Dafür sprangen deren Haustiere darauf an, indem sie mit gespitzten Ohren zum Bildschirm liefen. Der Regisseur hoffte, die Besitzer würden, von dieser Reaktion beeindruckt, ebenso schnell losziehen, um das angepriesene Hundefutter zu kaufen. Die Idee ging zwar durch die Medien, doch ob die Absatzzahlen der Marke wirklich stiegen, wissen wir nicht.

Zum Vergleich hier einige weitere ungefähre Hörfrequenzbereiche aus der Tierwelt. Den Rekord, was die höchsten Töne betrifft, halten wie zu erwarten Fledermäuse und Wale, wobei Tümmler die Spitzenreiter sein dürften.

Tümmler: 75–150.000 Hz

Pferd: 55–33.500 Hz

Ratte: 200–76.000 Hz

Hase: 360–42.000 Hz

Maus: 1000–91.000 Hz

Fledermaus: 2000–110.000 Hz

Belugawal: 1000–123.000 Hz

HÖRBARE GEFÜHLE?

Mag sein, dass wir einiges über die Funktionsweise des Hundegehörs wissen, was aber geschieht, wenn Schall das Gehirn erreicht, lässt sich weniger genau eruieren. Diese Frage beschäftigt Forscher seit einiger Zeit – und verstehen Hunde unsere Stimmen sowohl als praktisches als auch emotionales Kommunikationsmittel?

Das ist ein heikler Punkt: Da sie seit Jahrtausenden mit uns leben und die Rolle von Begleitern angenommen haben, halten wir es für selbstverständlich, dass sie unsere Bemühungen begreifen, uns mit ihnen auszutauschen, und sich dem Menschen darum verbunden fühlen. Allerdings bedeutet die Garantie, dass ein Haustier auf an bestimmte Geräusche gekoppelte Aufforderungen reagiert, nicht zwangsläufig auch, dass er Sie als „Person" ansieht.

GEFÜHLE GEHEN DURCH DIE OHREN

Mittlerweile häufen sich Belege dafür, dass die Gehirne von Hunden und Menschen gleichartig konfiguriert sind, um „soziale" Informationen zu verarbeiten. Folglich erkennt Ihrer, ob sie fröhlich oder traurig sind (Halter dürften behaupten, das hätten sie von jeher gewusst). In einem aufschlussreichen Versuch spielte man verschiedene Geräusche vor, darunter Gelächter und Weinen. Getestet wurden sowohl Menschen als auch Hunde, und die jeweiligen Aufnahmen regten die gleichen für Stimmverarbeitung zuständigen Areale in den Gehirnen beider an.

Dieses Experiment an der Eötvös-Loránd-Universität in Budapest war insofern schwierig, als die Tiere beim Hirnscan still in einem Kernspintomographen liegen mussten, wenn auch nur für kurze Zeit. Jedes brauchte ein Dutzend Trainingseinheiten, bis es das schaffte, doch die Belohnungen waren unwiderstehlich, und die Hunde fühlten sich derart gefordert, dass sie gegen Ende kaum schnell genug in die Röhre springen konnten.

Das Fazit? Wenn Hunde uns reden hören, trennen sie den Inhalt der Worte, die sie kennen, von der Art und Weise, in der sie gesprochen werden, und ihre Gehirne werten beides gesondert aus. Wie beim Menschen verarbeitet die linke Hälfte die Bedeutung, die rechte den Tonfall. Dass Hunde für Emotionen in unserer Stimme empfänglich sind, ist belegt – und umso mehr für die Laute ihrer Artgenossen, was ja auch naheliegt.

WARUM HUNDE SO GUT HÖREN

Wir sind noch dabei, genau zu ergründen, was Hunde hören, doch warum sie es so gut können, darin ist man sich weitgehend einig: Sie haben sich aus Raubtieren entwickelt, und ihre Vorfahren profitierten davon, Beute nicht nur mit der Nase auf Distanz zu erfassen, sondern auch mit den Ohren. Hinsichtlich der Schnelligkeit von Ratten, Hasen oder Hirschen war Richtungshören bei der Nahrungsbeschaffung und Jagd sehr hilfreich.

DER TON MACHT DIE ...

Hunde beobachten uns aufmerksam – eigentlich eingehender, als uns allgemein bewusst ist. Um ihnen etwas Neues beizubringen, muss man darauf achten, eindeutige Signale zu senden, und weil der Tonfall mindestens so viel bedeutet wie das Gesagte an sich, hängt viel davon ab, wie Sie sich dem Tier mitteilen.

Was die unterschiedlichen Laute betrifft, die der Hund selbst ausstößt (mehr dazu später), fällt Ihnen sicherlich auf, dass die höheren, schrilleren fordernd klingen. Sie rufen zum Handeln auf, wohingegen tiefere, leisere etwas Beruhigendes vermitteln. Das Gleiche leitet er aus Ihrer Stimme ab, weshalb das, was Sie rüberbringen möchten, mit einem passenden Ton einhergehen sollte.

Für Aktionsbefehle lautet die Devise meistens: klipp und klar. Muss er es sachter angehen lassen (Sie könnten ihn mit einem ausgedehnten „Bleib" zum Warten bitten), sprechen Sie lieber langsamer und senken Ihre Stimme. Äußern Sie sich verbindlich; Hunde neigen untereinander auch dazu und wissen zu schätzen, wenn Sie es ebenfalls tun.

BEFEHLE ERTEILEN

- **erhobene Stimme (am Ende, wie bei Fragen), wiederholt**
  Funktioniert mit: „Komm!" – Herbeirufen; Aufforderung

- **mittelhoher, kurzer Einzellaut**
  Funktioniert mit: „Nein", „Oh-oh" – Zurechtweisung, Befehl zum Aufhören

- **kurzer, lauter Einzellaut**
  Funktioniert mit: „Hey!" – Befehl zum sofortigen Aufhören (nicht zu oft, am besten nur im Notfall verwenden, damit er sich nicht abnutzt)

- **tiefer, langgezogener Laut**
  Funktioniert mit: „Bleiiib", „Haaalt" – ruhigere, langsame Aufforderung

MÖGLICHE FEHLER

Während man versucht, seinem Haustier etwas Neues beizubringen, begeht man häufig einfache Fehler. Hier ein paar Tipps, um sie zu vermeiden:

Verbal

- Wählen Sie Ihren Ton den Befehlen entsprechend.

- Wiederholen Sie sich nicht, denn dann gehorcht Ihr Hund erst beim dritten oder vierten Mal. Ausnahme: Wenn Sie ihn etwa zum Kommen bitten und er nicht folgt, warten Sie drei Sekunden, ehe Sie es erneut verlangen.

- Falls Sie ihn mit einem kurzen, lauten Geräusch zum Innehalten bringen, geben Sie ihm gleich auch einen neuen Befehl, am besten mit zuversichtlich klingender Stimme und aufsteigender Intonation.

Handlungen

- Neben Ihrem Tonfall sollte auch Ihre Körpersprache dem jeweiligen Befehl entsprechen. Generell zieht sich Ihr Hund zurück, wenn Sie sich vor ihm aufbauen, wohingegen er näherkommen wird, wenn Sie sich zurücklehnen.

GERÄUSCHEMPFINDLICHE ZEITGENOSSEN

Wieso verschläft ein Hund Gewitter, während ein anderer schon den Schwanz einzieht, bevor es überhaupt gedonnert hat? Alle möglichen Geräusche können sensible Tiere aufreiben, allen voran Unwetter und Feuerwerke. Genauso viele Lösungsansätze bekommt man als Besitzer empfohlen, und mit Geduld lassen sich die meisten Betroffenen bis zu einem gewissen Grad abhärten.

Darüber, warum manche Hunde geräuschempfindlich sind, wird noch geforscht, auch weil es erhebliche Schwierigkeiten bereiten kann. Die Auswertung einer Studie in Norwegen, bei der 2015 Tiere untersucht wurden, ergab eine Reihe von Faktoren, von denen der Grad dieser Aversion abhängt, ob nun gegen Böller, Donner oder Verkehrslärm. Einige der 17 getesteten Rassen schienen anfälliger zu sein als andere (besonders resistent: Pointer, Boxer, Doggen), und bei Weibchen lag die Wahrscheinlichkeit 30 Prozent höher. Folglich litt diese Gruppe oft auch unter Trennungsangst und verhielt sich in ungewohnten Situationen zurückhaltender. Ältere Semester gehörten ebenfalls zu denjenigen, die schlechter mit lauten Geräuschen klarkamen.

WAS TUN?

Hundehaltern stehen diverse Strategien zur Verfügung, um ihren Liebling zu desensibilisieren. Hier die effektivsten:

- **Ein sicherer Fleck**
  Auf sich selbst gestellte „Hasenfüße" finden selbst Rückzugspunkte, sei es unter Betten oder hinter Sofas. An einem abgedunkelten, geschützten Platz können sie sich geborgen fühlen und verstecken, wenn es laut wird.

- **Abstumpfung**
  Verhaltensforscherin Patricia McConnell schreibt ausführlich darüber, wie sie ihren Hunden gegen Angst vor Gewitter half, indem sie es mit etwas verknüpfte, was die Tiere liebten (Leckerlis oder Spiele). Das klappt nicht von heute auf morgen, doch vieles deutet daraufhin, dass sich Beständigkeit auszahlt.

- **Einwickeln**
  Manchmal bewirkt festes Einwickeln des Körpers etwas und macht ruhiger. Es gibt dafür Hundeshirts im Handel, doch Sie können auch ein eigenes nehmen.

- **Pheromone und Klangtherapien**
  Man kann Steckdosenzerstäuber mit Flüssigkeit kaufen, die den von Muttertieren beim Säugen Junger freigesetzten Botenstoffen nachempfunden ist, oder auf Musik setzen, die ausdrücklich gegen Angstzustände von Hunden produziert wurde.

VON HUND ZU HUND

Was Hunde hören, macht den einen Aspekt ihrer Kommunikation aus. Genauso relevant ist das, was sie mitteilen, indem sie auf ein Vokabular aus Bellen, Fiepen, Knurren und weniger konkret beschreibbaren Lauten zurückgreifen. Besitzer lernen es mit der Zeit kennen. Es handelt sich um unwillkürlich wie bewusst ausgestoßene Töne, und müsste man sie als „Dolmetscher" kategorisieren oder ihre jeweilige Bedeutung angeben, hätte man eine Menge zu tun.

GEBELL IST NICHT GLEICH GEBELL

Lauterzeugung von Hunden ist ein spannendes Themengebiet, das bisher vergleichsweise selten erörtert wurde, ganz im Gegensatz zu Anstrengungen, eine Übersicht aller Arten von Bellen zu erstellen. Tonhöhe und -länge sind dabei neben der Zahl der Wiederholungen die Variablen. Die simpelste Einordnungsmethode stammt von der norwegischen Trainerin Turid Rugaas und beruht auf sechs weitgefassten Ausdruckskategorien: Aufregung, Warnung, Furcht, Vorsicht, Verärgerung und „gelerntes" Bellen. Darauf zu achten, in welcher Situation ein Tier wie bellt, schult Ihr Ohr am schnellsten, um mit seiner einmaligen Sprache und Stimme vertraut zu werden.

Die Laute klingen freilich je nach Hund anders. Es kommt darauf an, sie eingedenk des gewählten Tonfalls zu deuten, so wie wir es bei Wörtern tun. Diese ergeben abhängig von der Dringlichkeit, mit der sie ausgesprochen werden, die Botschaft. Die Stimmlage von Hunden variiert je nach Rasse. Denken Sie nur mal daran, wie ein kleiner Terrier Sie im Gegensatz zu einem größeren Exemplar zuhause begrüßen mag: Er dürfte ein höheres Register bemühen (kläffen quasi), während sein Artgenosse tiefer klingen, langsamer und nicht so oft bellen würde.

EINSAM ODER HILFESUCHEND?

Wohingegen Bellen für uns undurchschaubar sein kann, sind die Erzeuger selbst in der Lage, sich einen Reim darauf zu machen, was ihre Artgenossen von sich geben. Aus Versuchen mit aufgezeichnetem Gebell einer Gruppe in unterschiedlichen Situationen, das einer zweiten Gruppe vorgespielt wurde, ging hervor, dass letztere je nachdem, wie es sich anhörte, anders reagierte.

Bei repetitivem Bellen von Hunden, die zuhause alleingelassen worden waren, rührten sich die Artgenossen kaum. Konfrontierte man sie aber mit dem Lärm solcher, die draußen einen näher kommenden Fremden bemerkten, schienen sie aufmerksamer zuzuhören.

An der Eötvös-Loránd-Universität bewies man 2010, dass Hunde einschätzen können, wie groß andere sind, wenn sie deren Knurren hören. Dazu setzte man einzelne vor einen Monitor, auf dem links ein großer und rechts ein kleiner zu sehen war. Dann ließ man Aufnahmen von Tieren ablaufen, die ihr Fressen bewachten. Während große und kleine abwechselnd knurrten, schauten die Geprüften entsprechend nach links oder rechts. Daraus schloss man, dass sie die Bedrohung hinter den Tönen abzuwägen wussten. „Beim Knurren", bemerkte ein Wissenschaftler, „können Hunde ihre Größe nicht verhehlen."

TYPISCHE BELL-ARTEN

Man sollte nicht pauschalieren, doch wenn Sie das Bellen eines Hundes allein (probieren Sie es mit Ihrem eigenen oder dem eines Bekannten) mithilfe der folgenden Richtlinien bewerten, dürften Sie feststellen, dass sie die Wirklichkeit relativ genau widerspiegeln.

Häufigkeit: schnell, ununterbrochen, gleichbleibend
Tonhöhe: mittel
Botschaft: „Ich schlage Alarm, weil sich etwas nähert, das ich nicht kenne."

Häufigkeit: drei- bis viermal hintereinander, jeweils mit Unterbrechungen
Tonhöhe: mittel
Botschaft: „Etwas Interessantes geschieht; ich mache aufmerksam, keine Gefahr."

Häufigkeit: ein- oder zweimal
Tonhöhe: ansteigend, mittel bis hoch
Botschaft: „Ich begrüße einen bekannten Artgenossen oder Menschen."

Häufigkeit: einzeln mit Pausen dazwischen
Tonhöhe: mittel
Botschaft: „Ich wurde zurückgelassen" oder „Hallo, hier bin ich"; das Tier ist unbeaufsichtigt.

Häufigkeit: einmal
Tonhöhe: hoch
Botschaft: Überraschung, unvorhergesehenes Ereignis.

Häufigkeit: dreimal kurz, zweimal lang, stockend
Tonhöhe: mittel
Botschaft: „Ich lade einen anderen Hund zum Spielen ein"; oft verbunden mit gespielter Verbeugung (Vorderpfoten am Boden, Rumpf hochgestreckt).

Häufigkeit: einmal
Tonhöhe: aufsteigend, mittel bis hoch
Botschaft: abwartendes Innehalten; häufig beim Fangen-, Ballspielen etc.

KAPITEL 5: HUNDESINNE –
FÜHLEN UND SCHMECKEN

Dass der Tast- und Geschmackssinn des Hundes hier auf sein Spitzen-
gehör, seine Supernase und seine Argusaugen folgt, enttäuscht vielleicht
ein wenig. Dennoch lesen Sie gleich einige bestechende Fakten zu beiden
Bereichen, die Sie womöglich noch nicht kennen. Wer hätte beispielsweise
gedacht, dass es spezielle Geschmacksknospen für Wasser gibt oder die
Pfotenballen des Hundes bei Stress schwitzen? Je mehr Sie darüber erfahren, desto besser werden Sie ihn verstehen.

ZURECHTFINDEN IN DER WELT

An Berührungen und Gerüchen orientieren sich Welpen nach ihrer Geburt
am stärksten. Bevor sie ihre Augen öffnen und ihr Gehör funktioniert, haben
sie ihre Mutter gerochen, sind von ihr abgeleckt worden und zum Saugen an
ihren Zitzen gekrochen. Jeder Hund ist überdurchschnittlich berührungsemp-
findlich, manche in höherem Maße als andere.

VON KOPF BIS PFOTE

Am gesamten Körper, vor allem am Rückgrat von Hunden, laufen zahlreiche Nervenenden zusammen, und das Fell mag darüber hinwegtäuschen, dass ihre Haut viel dünner ist als unsere. Im Gesicht wachsen ihnen sogenannte Vibrissen – nicht nur an der Schnauze, sondern auch über den Augen und am Kinn. Diese Haare, die dreimal tiefer als gewöhnliche sitzen, reagieren auf Veränderungen des Luftstroms ringsum und Berührungen, wodurch das Tier die Umgebung seines Kopfes besser einschätzen kann (nützlich, wenn es sich irgendwo hindurchzwängen muss) und früh spürt, wenn sich ein Objekt nähert.

Genauso vermitteln die Pfoten genaue Informationen über die Fläche unter ihnen und sind hart genug, um sich auf rauem Gelände zu bewegen. Die hinteren haben fünf Ballen – vier kleinere (digitale) und einen (metakarpalen) dahinter –, die vorderen sechs in gleicher Anordnung, wobei sich der zusätzliche (karpale) höher am Bein befindet, sozusagen am „Handgelenk". Sie sind durch Fettpolster und fünf Hautschichten geschützt, deren äußere sich fest und widerstandsfähig anfühlt. Die karpalen Ballen vorn dienen bei schnellem Laufen als „Bremse" zum Einschlagen einer anderen Richtung oder Stehenbleiben.

Eine weniger offensichtliche Eigenschaft: Die Ballen schwitzen. Bekanntlich tun Hunde dies nicht über die Haut, weshalb sie ihre Körpertemperatur bei Wärme nur senken können, indem sie hecheln. Unter den Füßen stoßen sie Feuchtigkeit aus, wenn es zu heiß oder sehr stressig für sie wird. Hinterlässt Ihrer also trotz moderaten Wetters Pfotenabdrücke, ist er angespannt. Diese Art der Ausdünstung könnte Forschern zufolge einen praktischen Zweck haben; setzt der Fluchtreflex ein und das Tier will rasch vorankommen, verbessert die feuchte Haut beim Laufen die Bodenhaftung.

DER BESONDERE TOUCH

Wir mögen Hunde nicht zuletzt deshalb, weil sich die meisten sehr gern hätscheln und kraulen lassen; sie sind ausgezeichnete Entspannungshilfen und tragen laut einer 2015 in den USA durchgeführten Studie maßgeblich dazu bei, die Stressbelastung von Kindern zu verringern. Weil sie so bereitwillig mit uns interagieren, achten wir vergleichsweise selten darauf, wie wir sie anfassen. Das ist insofern schade, als man Berührungen, die sie unangenehm finden, auch wenn sie es sich in der Regel gefallen lassen, mit entsprechenden Kenntnissen leicht vermeiden kann.

Dass der Mensch den Großaffen (*hominidae*) angehört, einer Familie der Primaten, spiegelt sich darin wider, wie er Artgenossen anpackt: Wir schlingen unsere Arme mit Wonne um die Schultern anderer, drücken sie und tun uns keinen Zwang an, in ihre Gesichter zu fassen, sie zu tätscheln oder zu streicheln. Darum neigen wir dazu, genauso mit Hunden umzugehen, die aber eben keine Affen sind, sondern *canidae*, die ganz andere Vorlieben haben.

WAS IST ERLAUBT, WAS NICHT?

Natürlich liegen die Präferenzen je nach Tier woanders, doch gewisse Richtlinien existieren durchaus. Statt den Kopf oder Rücken zu tätscheln, sollten Sie sanft und gleichmäßig an seinen Seiten entlangfahren. Zweitens schätzen viele, an den Wangen und dem Knochen unter den Augen gestreichelt zu werden. Jede Berührung, die ihnen sichtlich guttut, ist zulässig, und falls sie sich auf den Rücken drehen, damit man ihren Bauch reibt (das größte hündische Kompliment, Ausdruck von Achtung und Vertrauen), hat man den Dreh raus.

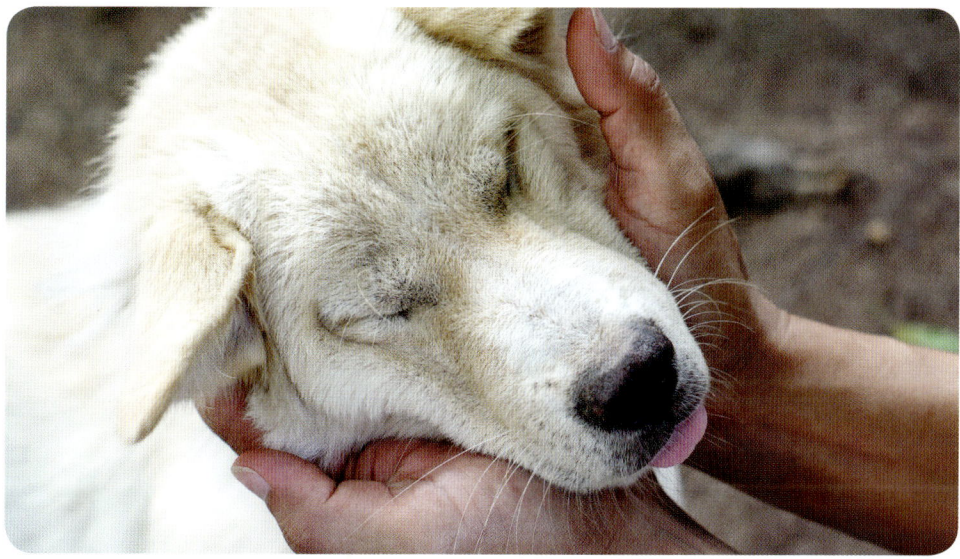

Annäherungen von oben hassen Hunde im Allgemeinen, also gilt es zuallererst, sich das traditionelle Tätscheln des Kopfes abzugewöhnen; sie sehen die Hand nicht auf sich zukommen und empfinden den plötzlichen Kontakt auch dann als bedrohlich, wenn er mit wenig Kraft verbunden ist. Den zweiten Platz der Tabus belegt die Umarmung, da es im Vokabular ihrer Körpersprache fehlt. Eine ungefähre Entsprechung findet sich in der Art und Weise, wie sie die Pfoten auf Ihre Schultern stützen, wobei es sich nur dann nicht um ein Machtspiel handelt, wenn sich beide Seiten gut kennen. Drittens sollten Sie sich aus dem Kopf schlagen, die Pfoten zu berühren. Auch dies tun Hunde, die unter sich sind, im Normalfall nicht, anscheinend, weil es ihnen hinderlich vorkommt. Außerdem verbinden sie es eventuell mit Nagelschneiden, was nahezu allen zuwider ist.

„ER LÄSST SICH SO GERN TÄTSCHELN!"

Sie tätscheln den Kopf Ihres Hundes möglicherweise schon seit Jahren. Falls Sie aber glauben, dass es ihm gefällt, achten Sie beim nächsten Mal genau auf seine Körpersprache. Wohlerzogene Hunde würden Sie zwar nie anknurren oder sich entziehen, doch vielleicht sehen Sie ein, dass er sich der merkwürdigen Liebkosung in Wirklichkeit unterwirft, statt sie zu genießen.

OXYTOCIN FÜR SIE UND IHN

Man weiß seit geraumer Zeit, dass wir uns am Umgang mit unseren Hunden erfreuen, weil sie die Ausschüttung von Oxytocin anregen, dem ausschließlich unter Säugern vorkommenden „Kuschelhormon". Es wird vermehrt bei Aktivitäten freigesetzt, die wir genießen und für lohnenswert halten. Mit dem Pegel steigt auch unser Wohlbefinden, wobei wir positiver denken und ein Kreislauf entstehen kann: Je mehr Oxytocin entsteht, desto besser fühlen wir uns und setzen unsere Handlungsweise fort, damit der Zustand andauert. Einem Hund, den man herzt, geht es genauso, folglich profitiert man voneinander. 2016 veröffentlichte die Zeitschrift *Science* einen Artikel, der belegte, dass der Hormonspiegel von Haltern und ihren Tieren anstieg, während sie sich gegenseitig in die Augen schauten.

ZIEGE TRIFFT HUND

Der britische Rundfunksender BBC wollte in einem Versuch herausfinden, ob eine Spezies die Oxytocin-Ausschüttung einer anderen anregen kann, sodass sie sich anfreunden. In einem Heim für mehrere Tierarten in Arkansas wurde der Hormonspiegel zweier unterschiedlicher Spezies vor und nach ihrem Umgang miteinander gemessen. Das eindrucksvollste Ergebnis lieferten ein kleiner Terrier und eine Ziege, die sich schon kannten. Nach dem Spielen hatte sich der Oxytocin-Wert der Ziege um sage und schreibe 210 Prozent erhöht – „als wäre sie verliebt", wie ein Forscher bemerkte. Bedauerlicherweise betrug der Anstieg beim Hund, der wohl bloß befreundet sein wollte, nur 48 Prozent.

SCHON GEWUSST?

Manchmal begünstigen Gefangenschaften, dass sich unterschiedliche Tierarten miteinander „anfreunden". Wärter des Zoos von San Diego etwa steckten lange Zeit traditionsgemäß Junge von Geparden im frühesten Alter zu Welpen. Die Hunde schienen den Raubkatzen gutzutun und ihr Verhalten zu zügeln, sodass der Zoo die ausgewachsenen Geparden zu öffentlichen Anlässen im Rahmen seines Tierbotschafterprogramms vorstellen konnte.

GESCHMACK

Der Geschmackssinn ist bei der Geburt von Welpen nicht vollständig aus-gebildet, sondern entwickelt sich im Laufe der ersten Lebenswochen. Hunde sind wie wir Allesfresser. Obwohl sie in der Wildnis bevorzugt Fleisch ver-zehrt haben dürften, vertragen sie ziemlich breitgefächerte Kost. Ihre Rezep-toren für Saures, Süßes, Salziges und Bitteres entsprechen unseren, befinden sich auf der Zunge, in geringerer Zahl sowohl am Gaumen als auch hinten im Maul und im Rachen. Im Vergleich zum Menschen haben sie dennoch deut-lich weniger Geschmackszellen – nur 1.700 gegenüber unseren 9.000.

In einer hochentwickelten menschlichen Umgebung könnte man meinen, das Geschmacksempfinden sei dazu gedacht, dass wir unter den vielen Esswaren jene auswählen, die uns am besten schmecken. Vor Jahrmillionen diente es allerdings dem Zweck, Dinge zu erkennen, die überhaupt genießbar waren, und half so beim Überleben, falls sie dem Nährstoffbedarf gerecht wurden. Tiere mussten sich zwischen zahllosen vermeintlichen Lebensmitteln entscheiden, die ihrer Gesundheit zuträglich sein oder schaden mochten. Je stärker ihr Geschmackssinn ausgeprägt war, desto seltener irrten sie sich. Was widerlich schmeckte, eignete sich wahrscheinlich nicht zum Verzehr. Mit einer zunehmend komplexeren Ernährung stieg auch die Zahl der notwendigen Geschmacksknospen. Wenngleich Hunde weniger als ein Viertel des Menschen besitzen, sind sie doch Katzen überlegen, die lediglich 400 haben (und im Gegensatz zu Hunden reine Karnivoren sind).

GESCHMACKSEXPERTEN

Darüber hinaus, dass sie zwischen salzig, süß, sauer und bitter differenzieren können, verfügen Hunde über Rezeptoren, die uns fehlen. Bestimmte sind für tierische Eiweiße zuständig, besonders in Fleisch. Demnach lässt sich vermuten, dass es für sie mehr verschiedene Geschmäcker hat als für Menschen. Auch für Wasser gibt es spezifische Zellen (siehe S. 88), doch jene für Salz können nicht mit unseren mithalten.

Die Rezeptoren sind hauptsächlich in Gruppen auf der Zunge verteilt – für sauer und salzig an den Seiten, bitter hinten und süß größtenteils vorn, jene für Wasser an der Spitze.

SCHON GEWUSST?

Obwohl stark verdorbene Nahrung für Hunde dank der Säure ihrer Magenschleimhaut generell verträglicher ist als für Menschen, sind viele Lebensmittel für sie gesundheitsschädlich. Die meisten Halter wissen, dass sie niemals Schokolade verfüttern dürfen, aber auch Trauben, Rosinen, Macadamia-Nüsse und das Süßungsmittel Xylit, das den Insulinspiegel des Hundes lebensbedrohlich weit senken kann, sollten gemieden werden.

WAS HUNDEN SCHMECKT

Man sieht einem hungrigen Hund nicht an, dass er sein Fressen genießt; eher schlingt er es hastig herunter, statt sich Zeit zu nehmen und jeden Bissen auf der Zunge zergehen zu lassen. Schmeckt es ihm also tatsächlich, oder schlägt er sich nach kurzem Schnuppern und Probieren, da es nicht giftig ist, bloß den Bauch voll, so schnell er kann?

Es stimmt, kaum ein Hund hält sich mit der Nahrungsaufnahme lange auf, was aber nicht heißt, dass ihm das Verzehrte nicht schmeckt. Die Eile dürfte in seinen Genen begründet liegen: Er stammt von rivalisierenden Räubern ab, die ihre Mahlzeit nicht gemütlich zu sich nehmen konnten, ohne gestört zu werden oder darum kämpfen zu müssen. Untersuchungen haben zudem ergeben, dass Hunde feuchtes, warmes Futter bevorzugen, das an frisch erlegte Beute erinnert.

ISS JEDEN TAG GEMÜSE – UND OBST

Obschon Ihr Tier selten Süßes frisst, hat es Geschmacksknospen dafür. Diese sprechen insbesondere auf die natürlich vorkommende Verbindung Furaneol an, das u. a. in Erd- und Himbeeren, Tomaten und Buchweizen enthalten ist. Dass Wildbeeren zur Kost früher Hunde gehörten, ist gut möglich. Viele finden auch Gefallen an Äpfeln und Karotten, die beide den süßen Bereich ihres Geschmacksspektrums abdecken.

KNOSPEN-KNÜLLER

Die Zahl der Geschmacksrezeptoren schwankt je nach Tierart erheblich. Die meisten Vögel haben sehr wenige (Hühner etwa nur ungefähr 25); und Herbivoren womöglich deshalb mehr als Karnivoren – bei Kühen sind es sagenhafte 25.000 –, weil sich viele von ihnen so entwickelten, dass sie sehr unterschiedliche Pflanzen verdauen konnten, wozu sie genau erkennen mussten, was toxisch war, worauf nicht selten Bitterkeit hindeutet. Welches Tier verfügt nun über die meisten Knospen und hat folglich den anspruchs-vollsten Gaumen? Antwort: Der Katzenwels, ein am Boden sehr schlammiger Gewässer lebender Raubfisch, der fast überhaupt nichts sieht. Zum Ausgleich hat ein ausgewachsener bis zu 175.000 Rezeptorzellen – nicht nur in den Haaren an seinem Maul, sondern am gesamten Körper.

DRECKWASSER UND DEHYDRATION

Oft ziehen Hunde sauberem Leitungswasser die schmutzigste Brühe vor, die sie draußen in Pfützen finden. Diese verbreitete Angewohnheit erscheint umso widersinniger, wenn man weiß, dass ihre Zungenspitze mit gesonderten Rezeptoren für Wasser ausgestattet ist, die wir selbst gar nicht haben. Worin besteht also der Reiz der Pfütze, und wieso brauchen sie diese Geschmacksknospen überhaupt?

Die für Salziges verantwortlichen Zellen sind beim Hund wie erwähnt relativ schwach, auch und gerade im Verhältnis zu den menschlichen. Man geht davon aus, dass er von jeher weniger zwingend darauf angewiesen war, Quellen des Stoffs zu bestimmen, weil seine Ernährung auf Fleisch beruhte, das von Natur aus viel Salz enthielt. Was er aß, deckte seinen Bedarf bereits. Der erhöhte Konsum regt allerdings die Harnproduktion an, wodurch der Körper austrocknen kann, also muss der Hund, falls er zu viel Salz zu sich genommen hat, mehr trinken. Die Wasserrezeptoren auf seiner Zunge sind demnach wichtig, um genießbares Wasser auszumachen.

Warum aber nun dreckige Pfützen? Die Vorliebe dafür mag daher rühren, dass Wasser aus der Leitung einem Hund nicht so gut schmeckt wie jenes vom Boden. Während wir es als neutral empfinden, ist es ihm möglicherweise zuwider, erscheint ihm unnatürlich oder künstlich.

WIE HUNDE TRINKEN

Hunde schlabbern laut und verspritzen ihr Wasser. Auf uns wirkt der Vorgang kompliziert, auch da man ihn nie richtig mitvollziehen kann, weil es so schnell geht, doch Videos in Zeitlupe lassen erkennen, dass er sehr effizient ist und mehr Flüssigkeit ins Maul gelangt, als man glaubt.

Und so funktioniert es: Die Zunge wird eingerollt, die Spitze dann ins Wasser ausgefahren (die darauf spezialisierten Knospen sind genau dort, wo sie die Oberfläche berühren) und der Rest eingetaucht. Nach dem Ausrollen bildet das Organ eine Art Tasche, die sich weiter mit Flüssigkeit füllt, je tiefer er es vorstößt. Fährt der Hund es dann wieder ein, zieht er eine große Menge an der Unterseite mit, und das meiste Wasser befindet sich im Maul, sobald es geschlossen ist, der Rest fällt hinunter. Noch beim Schlucken öffnet er es erneut zum Schlecken.

GUT VERDAUT?

Essen hinunterzuschlingen ist für Hunde normal. Sie besitzen 42 Zähne (zehn mehr als wir für gewöhnlich), die fürs Halten und Reißen von Beute vorgesehen sind. Damit können sie Fleisch abstreifen und Knochen zu Stücken zerkleinern, die sich schlucken lassen. Seitwärtsbewegungen sind mit den Kiefern nicht möglich, nur vertikale. Die Nahrung wird anders als beim Menschen nicht lange gekaut, sondern wandert die Kehle hinab, kaum dass die Brocken durch die Speiseröhre passen.

Rein auf Masse bezogen sind Hunde imstande, viel mehr auf einmal zu verputzen als Zweibeiner – etwa fünf Prozent ihres Eigengewichts, was dieser Tage wohlgemerkt selten geschieht, weil wir sie als Haustiere kontrolliert füttern. Die Fähigkeit, sich vollzustopfen, reflektiert das Leben in der Wildnis, wo sie jagen und töten, sich satt fressen und dann eventuell ein paar Tage fasten müssen.

Bei uns beginnt der Verdauungsprozess schon im Mund über Enzyme während des Kauens, beim Hund nicht. Sie werden in seiner Bauchspeicheldrüse und dem Magen produziert, der mit einem pH-Wert zwischen 1 und 2 (beim Menschen ca. 5 pH) sehr säurehaltig ist. Landet die grob zerriebene Kost darin, dauert die Zersetzung vier bis sechs Stunden.

DER HÜNDISCHE SPEISEPLAN

Logischerweise geht es je nachdem, was verzehrt wurde, schneller zu. Rohes Fleisch und Knochen verdaut der Hund zügig (manche argwöhnen, dies entspreche eher der „Norm"), für Dosen- oder Trockenfutter braucht er mehr Zeit. Die Ernährung der Tiere gestaltet sich heute deutlich vielfältiger als in der Vergangenheit, angefangen bei stark vorverarbeiteten Produkten über Rohfleisch bis zu sogenannten BARF-Diäten, die nur das umfassen, was ihre ungezähmten Vorfahren in freier Natur gefressen hätten. Ihr Verdauungssystem ist auf schwerer Bekömmliches gefasst.

FRISS UND FINDE

Jüngsten Untersuchungen zufolge finden und fangen Hunde Tiere schneller, die sie schon einmal gefressen haben. Nachdem man Jagdhunden Vögel einer bestimmten Art zum Verzehr gegeben hatte, die sie dann wittern und fangen sollten, gelang ihnen dies umso leichter. Dies erklärt die Wissenschaft unter Vorbehalt dadurch, dass Moleküle der Mahlzeit – etwa von einem Fasan – in den Blutkreislauf des Hundes gelangen und seinen Spürsinn schärfen würden.

KAPITEL 6: EIN SECHSTER SINN?

Den meisten Besitzern kommt ihr Hund sehr empathisch vor. Er scheint nicht nur zu spüren, wie sie sich fühlen, sondern seine Stimmung sogar der ihrigen anzupassen. Mit Blick auf eine so enge Bindung bildet man sich dann leicht ein, er hätte so etwas wie einen sechsten Sinn, ein nicht gänzlich mit herkömmlichen Begriffen aus der Sensorik beschreibbares Gespür. In diesem Kapitel beleuchten wir einige unerklärliche Phänomene – Situationen, in denen er „es" einfach zu wissen scheint – und begründen sie wissenschaftlich

SEHERISCHE FELLKNÄUEL

Hunden werden alle möglichen esoterischen Fertigkeiten unterstellt – sei es, dass sie auf Fragen mit „Zeichen" antworten oder „vorhersehen", wann Frauchen heimkommt. Zwischen denjenigen, die vorbehaltlos annehmen, dass die Tiere übersinnlich oder gar spiritistisch begabt sind, und nach handfesten Fakten suchenden Forschern ist ein anhaltender Grabenkampf entbrannt. Dieser hat erfreulicherweise zu einigen interessanten Experimente geführt, die erklären sollen, woher der Hund seine besonderen Kenntnisse bezieht.

Häufig wird von Hunden berichtet, die ahnen, dass ihr Halter nach Hause zurückkehrt, bevor ein Auto in der Einfahrt zu hören ist, und die unvermittelt durchs Fenster springen oder sich anderweitig ohne ersichtlichen Anlass (für Menschen jedenfalls) angespannt verhalten, bis wenige Minuten später tatsächlich die erwartete Person eintritt. Nach verschiedenen Tests dazu wird auf das extrem gute Gehör verwiesen und angemerkt, dass sich Besitzer allerdings wünschten, ihre Lieblinge hätten Superkräfte, und die Ergebnisse unbewusst verfälschten.

Alexandra Horowitz, die das Zentrum für Verhaltensforschung des New Yorker Barnard College leitet, stellte eine andere (strittige) These zur Diskussion: Als Geruchsspezialistin wollte sie herausfinden, ob die Nase anstelle irgendwelcher Magie eine Rolle spielt: Kann es sein, dass Hunde nicht auf gespenstische Weise über weitere Entfernungen hinweg und durch mehr Hindernisse hindurch hören, als realistisch wäre, sondern in Wirklichkeit den Bestand einzigartiger Duftmoleküle aufnehmen, die ein Menschen morgens zurücklässt, und schließlich „aufschrecken", wenn diese bis zu einem bestimmten Grad verflogen sind? Da wir um ihre recht genau tickende innere Uhr wissen – ein regelmäßig zu festen Zeiten gefüttertes Tier spürt immer, wann es abends so weit sein sollte, und macht selbst dann darauf aufmerksam, wenn es kein Signal dazu erhält –, ist diese Theorie gar nicht so abwegig.

In Horowitz' Versuch wurde ein Hund gewohnheitsmäßig im Haus alleingelassen. Nach mehreren Stunden legte man jedoch heimlich ein kürzlich getragenes T-Shirt seines Halters in die Wohnung, das dessen vertrauten Geruch verstärkte, während er selbst nicht zurückkehrte. Der weitere Verlauf schien die These zu untermauern: Üblicherweise stand das Tier am Eingang zur Begrüßung bereit, wenn Herrchen wiederkam; nach der mittäglichen Duftauffrischung im Gebäude aber schlief es gegen Abend noch.

KEINE ZAUBEREI

Auf die Frage nach Hundegenies, die ihre Kenntnisse per „Zeichenspra-che" mit Menschen teilten, erzählt US-Autorin und Behavioristin Patricia McConnell eine lehrreiche Geschichte: Dan Estep und Suzanne Hetts von Animal Behavior Associates in Colorado wurden gebeten, die Hündin Sheba zu untersuchen, deren Besitzer behauptete, sie verfüge über ein breites All-gemeinwissen und könne dies auch demonstrieren; sie würde bejahen oder verneinen, indem sie die Hände eines Fragestellers patsche, oder ausführ-lichere Antworten durch mehrmaliges Aufsetzen ihrer Pfoten geben. Er war überzeugt davon, sein Liebling schöpfe dabei wie wir aus einem vorhande-nen Bildungsschatz.

In ordentlichen Tests sah er sich allerdings getäuscht, denn Sheba konnte nicht auf Fragen reagieren, wenn sie ihn nicht sah oder dieser die Antworten selbst nicht kannte. Die Wissenschaftler schlossen aus, dass er dem Hund absichtlich Hinweise gab, doch wie kam er sonst auf korrekte Lösungen?

Die Reihe konnte nicht abgeschlossen werden, weil sich der Eigner gekränkt fühlte und einen Rückzieher machte, als Zweifel an Shebas „Weltgewandt-heit" aufkamen. Eigentlich konnte er ihr nur unbeabsichtigte Tipps gegeben haben, ob durch Berührungen oder seinen Gesichtsausdruck, doch auch eine Gruppe von Trainern und Verhaltensexperten, die sich Videos des Projekts anschauten, blieben ratlos. Andererseits sind Hunde erwiesenermaßen her-vorragend darin, geringfügige Veränderungen in jemandes Körpersprache zu bemerken, weshalb Sheba diesbezüglich einfach überdurchschnittlich talen-tiert gewesen sein mochte.

Solche Berichte bestärken Hundeforscher dahingehend, dass es noch einige außergewöhnliche Eigenschaften der Spezies zu entdecken gibt und ihre Sinne für sich schon bemerkenswert sind. Sie brauchen gar nicht wahrsage-risch begnadet zu sein, um uns staunen zu machen.

HUND HILFT

Im Lauf der letzten 40 Jahre ist die Zahl der Einsatzmöglichkeiten für Hunde sprunghaft angestiegen, wiewohl sie die Kompetenzen, die dazu vonnöten sind, schon wesentlich länger besitzen. Der Mensch hat schrittweise davon erfahren und sie daraufhin für immer mehr ganz unterschiedliche Zwecke eingespannt.

RUNDUM NÜTZLICH

Meistens gaben die Vierbeiner selbst zu verstehen, dass sie zu bestimmten Aufgaben taugen. Das erste Führhund-Programm wurde 1916 gestartet, als der deutsche Arzt Gerhard Stalling einen blinden Patienten vorübergehend verlassen musste und seinen Hund daließ. Als er zurückkehrte, hatten die beiden intuitiv eine Beziehung zueinander aufgebaut, wobei das Tier anscheinend spürte, dass der Mensch Unterstützung brauchte. Genauso kam in den 1970ern die Idee auf, Hunde zu „Ersatzohren" Gehörloser abzurichten, nachdem solche ohne Ausbildung der Taubheit ihrer Bezugspersonen von sich aus Rechnung getragen und gelernt hatten, sich gestisch statt akustisch mitzuteilen.

Spürhunde für Krankheiten oder Dynamit sind eine kniffligere Angelegenheit. Ihre Trainer stellen die gleichen Anforderungen wie jene früherer Fährtenhunde, bloß dass die Erfolgsquote bei Bomben- oder Drogensuchen maximiert werden muss. Damit man sich auf sie verlassen kann, ist eine gründliche Sensibilisierung für ganz konkrete, eng eingegrenzte Gerüche unerlässlich. Sie beruht auf dem simplen Prinzip von Einprägen durch Belohnen, gleichwohl unter Berücksichtigung mehrerer Variablen – ein hungriges Tier verliert seine Konzentration, ein gerade gefüttertes seine Präzision, weil ihm der Duft des Verzehrten in der Nase bleibt. Richtig schwer haben es auf Krebs oder andere Gebrechen getrimmte, weil sie an lebenden Menschen mit jeweils individuellen Gerüchen arbeiten, zwischen denen sie sich zurechtfinden sollen. In dieser Disziplin wird momentan geforscht, und während Hunde körperliche Leiden unbestreitbar entdecken, eruieren wir noch, wie wir das Beste daraus machen.

EINE KURIOSE BEGEBENHEIT

Die Nase kann mitunter zu empfindlich sein. Zu einem seltenen Fall von Hundeversagen kam es 2010, als Bettwanzen in New York grassierten. Unternehmen, die mit Schädlingsschnüfflern warben, wurden aus der Not angeekelter Bürger heraus gegründet, doch ihre Tiere scheiterten erstaunlich häufig. Sie rochen die Insekten in den meisten Appartements eines Gebäudeblocks, woraufhin ein Kammerjäger anrückte und nichts zum Vernichten vorfand. Was verunsicherte sie so sehr? Aller Wahrscheinlichkeit nach witterten sie in einem weiteren Umkreis und nicht nur innerhalb der vier Wände einzelner enger Wohnungen, sodass sie dort Ungeziefer von anderswoher wahrnahmen.

EINFACH NUR DA SEIN

Eine Facette des Zusammenlebens von Mensch und Hund, die Gelehrte verstärkt unter die Lupe nehmen, ist unser unwillkürliches Behagen im Beisein dieser Tiere. Es geht über den Oxytocin-Schub beim Streicheln hinaus, denn offenbar ist ihre bloße Gegenwart unserem Sozialverhalten zuträglich.

Dass man sich auf gesellschaftlicher Ebene etwas Gutes tut, indem man Gassi geht, versteht sich von selbst, aber eine Studie der Universität Central Michigan förderte 2012 zutage, auf welch ungeahnt subtile Weise uns Hunde positiv beeinflussen.

KONTAKTKATALYSATOREN

Bei den Teilnehmern handelte es sich um eine kleine Gruppe, die einfache, aber Kooperation und Kreativität erfordernde Arbeiten verrichten sollte. Bei einer Hälfte war währenddessen ein Hund im Raum, bei der anderen nicht. Anschließend sollten die Probanden abwägen, wie gut sie sich als Team und gemeinsam mit einzelnen anderen geschlagen hatten.

Unterm Strich sprachen diejenigen mit Hund von einer höheren Bereitschaft, sich gegenseitig zu helfen, und innigeren Arbeitsbeziehungen zueinander. Sie zogen eher an einem Strang und bauten auf die restlichen Mitglieder.

Die Videoaufzeichnung des Ablaufs wurde unvoreingenommenen Dritten gezeigt, wobei man offenließ, welche Gruppe den Hund bei sich hatte. Dennoch fielen den Betrachtern ebendort mehr Situationen herzlichen und konstruktiven Zusammenwirkens auf, nicht zu vergessen mehr Enthusiasmus und Einfallsreichtum.

Inwieweit die Gruppen ihre Aufgaben erfolgreich erledigten, schien nicht von der Anwesenheit eines Hundes anzuhängen. Entscheidend waren soziale Interaktion und persönliche Bindung.

Die Akademiker in Michigan fanden diesen Ausgang beachtenswert. Bis dato hatte niemand eine solche Analyse durchgeführt, in deren Rahmen das Tier nichts Bestimmtes tun, sondern lediglich dabei sein musste. Anschließend spekulierte man, ein Hund in unserer Mitte begünstige emotionale Ausgeglichenheit, und spürte dem Grund dafür nach. Von daher ist vielleicht nicht auszuschließen, dass bald Hundepflicht zugunsten des Wohlgefühls am Arbeitsplatz herrscht!

SCHON GEWUSST?

In jüngerer Zeit haben Großunternehmen die Vorzüge von Haustieren am Arbeitsplatz anerkannt. Eine diesbezügliche Klausel in Googles Verhaltensgrundsätzen besagt: „Zuneigung gegenüber unseren hündischen Freunden ist ein integraler Bestandteil unserer Firmenkultur." Anhand des Erfolgs des Prinzips „Bring deinen Hund mit ins Büro" legte ein zuversichtlicher Geschäftsführer beim Treffen des Weltwirtschaftsforums 2016 in Davos nahe, es könne als Modell zur Betreuung sowohl der Tiere als auch von alternden Angehörigen Angestellter dienen.

DEMNÄCHST VON VIERBEINERN ERLEDIGT

Der Hund hilft Jägern und Landwirten seit Jahrhunderten, also kam nicht erst gestern jemand auf die Idee, sein Benehmen gezielt auf die Bedürfnisse einer einzelnen Person zuzuschneiden. Die Anfänge tierischer Blindenunterstützung lassen sich im Frankreich des 18. Jahrhunderts verorten, und die erste Ausbildungsstätte zu diesem Zweck öffnete, wie bereits angeschnitten, 1916. Im Ersten Weltkrieg waren vierbeinige Kundschafter, die vor anrückenden Feinden warnten, ehe Soldaten diese sehen oder hören konnten, gleichfalls ein Novum.

In Hinblick auf weitere Nutzungsmöglichkeiten hat sich innerhalb eines knappen Jahrhunderts eine Menge getan. Heute schlüpfen Hunden in verschiedenste Rollen – zum Führen Seh- wie Hörbehinderter und als „Aufspürer", nicht nur von Tumoren oder Sprengstoffen. Sie bewähren sich sogar als Hilfe für Menschen mit Autismus, erahnen epileptische Anfälle oder extreme Blutzuckerwerte bei Diabetikern und lindern posttraumatische Belastungsstörungen. Was kommt da wohl noch auf sie und uns zu?

DIE ARBEIT DER ZUKUNFT

Neue Gebiete, in denen Hunde selbst raffinierteste Maschinen mit ihren angeborenen Fähigkeiten ausstechen und schon anerkannte Funktionen ausweiten können, sind beispielsweise:

Naturschutz

Sie sind in der Lage, seltene und bedrohte Tiere in der Wildnis zu entdecken; so fand man etwa Spuren des Afrikanischen Wildhunds (Foto gegenüber), der zu ihren rar gewordenen Verwandten zählt. Da sie weite Strecken zurücklegen können und die gefährdete Art zuverlässig am Geruch erkennen, benötigt man keine Fallen mehr, um deren Präsenz in einem Areal zu bestätigen.

Invasive Spezies

Gleichermaßen können Hunde eine in fremden Lebensraum eingedrungene Art, die dessen angestammte Fauna und Flora bedroht, schon aufspüren, bevor sie dem Menschen bewusst wird. Indem sie die Invasoren früh fangen, beugen sie ernsteren Problemen vor.

Trauerbeistand

Liebhaber mögen anmerken, dass der Hund von jeher gut über Schmerzen nach jemandes Tod hinweggeholfen hat, aber Bestatter und Kummerbegleiter halten ihn erst seit jüngerer Zeit als hauseigenen Unterstützer, der still Trost spendet.

Gefängnistherapie

Weltweit umfassen Programme zur Rehabilitation von Straftätern Stallarbeit. Der Umgang mit Pferden bringt Häftlingen bei, zu kollaborieren und Aggressionen abzubauen, ist aber kostspielig, weshalb man zunehmend Heimhunde als Alternative heranzieht, die weniger kosten und größtenteils das Gleiche zu bewirken scheinen.

In den 1990ern gab der amerikanische Autor und Führungstheoretiker Warren Bennis eine witzige Prognose ab: „In der Fabrik der Zukunft wird es nur zwei Angestellte geben, einen Menschen und einen Hund. Der Mensch füttert den Hund; der Hund ist dazu da, den Menschen daran zu hindern, die Geräte zu berühren." Mag sein, dass er die personelle Situation treffend vorhersagte, doch in den kommenden Jahren dürften Hunde würdigere Jobs erhalten als diesen.

TEIL ZWEI
HUNDEWISSEN

Nachdem ihn die Forschung lange ignorierte, wurde der Haushund weltweit zum Star wissenschaftlicher Untersuchungen über Kognition und Intelligenz. Anfang des 21. Jahrhunderts haben wir uns darauf eingeschossen, Lücken in unserem Wissen über diese Tierart zu schließen, mit der wir so vertraut sind. Obwohl wir schon lange mit ihr zusammenleben, sind Fragen darüber, wie sie die Welt wahrnimmt, erst kürzlich aufgekommen: Denken und fühlen Hunde wirklich das, was wir vermuten? Lieben sie uns, schämen sie sich, und können sie lügen? Was halten sie wirklich von Menschen? Mit der Zeit rückte unser Fokus fort von Bestrebungen, ihr Verständnis für uns zu verbessern, hin zu dem Wunsch, mehr über sie und von ihnen zu lernen.

Dieser Teil des Buches rekapituliert, wie wir zu unseren Kenntnissen gelangt sind, und gibt Ihnen neue, fantasievolle Anregungen für den weiteren Umgang mit Ihrem Tier an die Hand.

KAPITEL 7: WAHRNEHMUNG

Will der Mensch andere Säugetiere verstehen, drängt sich die Erforschung von Hunden geradezu auf. Die beiden Spezies, die seit Jahrhunderten dicht an dicht leben, scheinen von Natur aus auf einer Wellenlänge zu liegen und einander wertzuschätzen, doch merkwürdigerweise galten die meisten eingehenden Untersuchungen während der letzten 100 Jahre anderen Primaten. Erst in den letzten 30 widmete man sich Hunden verstärkt in auf ihre Art ausgerichteten Studien. In diesem Kapitel zeichnen wir die Entwicklung bis heute nach.

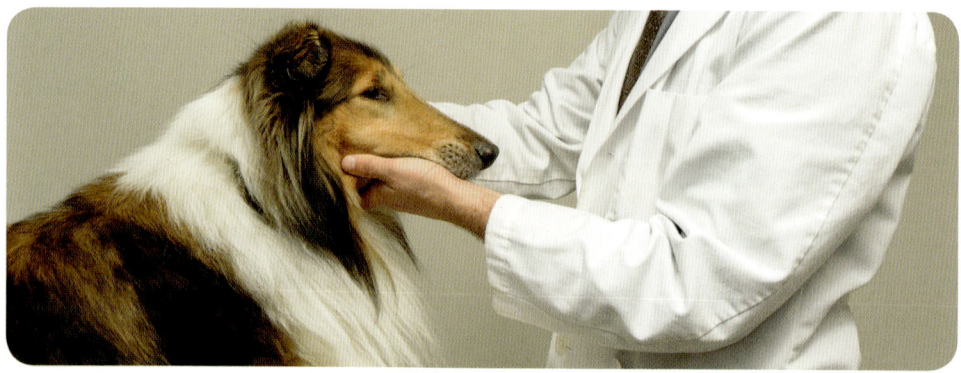

FRÜHE ANSÄTZE

Die Geschichte der modernen Hundeforschung beginnt wie so oft in den Naturwissenschaften bei Charles Darwin. Er stellte in seinem letzten Buch *Der Ausdruck der Gemütsbewegungen bei dem Menschen und den Tieren* (1872) die These auf, beide hätten ähnliche Emotionen. Anhand der Körpersprache von Hunden analysierte er, was sie seines Erachtens fühlten. Kupferstiche von Polly, einem seiner Terrier, begleiteten seine Beschreibungen von Haltung und Mimik. Ein Großteil seiner Erörterungen hat heute zwar immer noch Hand und Fuß, aber der Hund stand bei ihm stets im übergeordneten Zusammenhang von mehrere Spezies vergleichenden Arbeiten.

Der russische Physiologe Iwan Pawlow fand in experimentellen Versuchen zur Verdauung in den 1890ern fast beiläufig heraus, dass Hunde zwei Sachverhalte kombinieren und entsprechend reagieren können. Als Urheber der Theorie der klassischen Konditionierung stellte jedoch auch er diese Art in einen breiteren Kontext, statt sich einzig auf sie zu konzentrieren.

Pawlow hin, Darwin her: Der Hund war im 20 Jahrhundert ein alles ande-re als beliebter Forschungsgegenstand. Man glaubte, die Domestizierung hätte seinen Wert für die Wissenschaft eher vermindert als erhöht, denn weil der Mensch an ihn gewohnt sei, ließen sich niemals unvoreingenom-mene Ergebnisse erzielen. Stattdessen wurden Delfine und Schimpansen herangezogen, deren ursprüngliche Denkprozesse angeblich noch erhalten waren. Erst in der zweiten Hälfte des Jahrhunderts änderten sich der Blick-winkel und die Herangehensweise allmählich, wobei zuerst das nahezu uneingeschränkt populäre Konzept des Behaviorismus Einzug hielt. Diese Schule prägte zahlreiche Experten und ihre Arbeiten von den 1950ern bis Ende der 1960er.

SCHON GEWUSST?

Auch Charles Darwin hielt sich Hunde. Ein Pointer während seiner Zeit an der Universität Cambridge hieß Dash, und im weiteren Verlauf seines Lebens besaß er mehrere Terrier, einen Schottischen Hirschhund sowie einen Zwergspitz.

AFFE ZU MENSCH, WOLF ZU HUND??

Just die Eigenschaft, deretwegen Hunde verpönt waren – ihre Zähmung –, steht heutzutage im Mittelpunkt. Einer Theorie zufolge spiegelt sich die Evo-lution des Affen bzw. unseres gemeinsamen Vorfahren zum Menschen in jener des Wolfs zum Haushund wider. Was also, wenn wir Hunde aufgrund ihres domestizierten Wesens nicht als im Vergleich zu Wölfen irgendwie „minderwertig", sondern ebendeshalb als logische evolutionäre Fortsetzung begreifen würden, so wie wir uns selbst sehen?

BEHAVIORISMUS KONTRA KOGNITION

Der Behaviorismus bzw. die behavioristische Psychologie gehörten von den 1920ern an zu den einflussreichsten Strömungen innerhalb der Wissenschaft. Das Hauptaugenmerk lag auf dem Verhalten von Lebewesen, nicht seinen Ursachen und Zwecken.

Menschen wie Tiere werden demzufolge als „unbeschriebene Blätter" geboren. Erst ihre Umwelt und die Art, wie sie darauf ansprechen, formen sie im Lauf des Lebens, gedankliche und emotionale Abläufe werden außer Acht gelassen. Der amerikanische Arzt B. F. Skinner, Mitte des 20. Jahrhunderts führend auf dem Gebiet und begeistert von Pawlows Experimenten, sprach als Erster von „operanter Konditionierung". Der Begriff beruht auf der Vorstellung, dass sich gewisse Verhaltensweisen durch wechselseitiges Belohnen und Bestrafen verstärken respektive abgewöhnen lassen. Skinner ging davon aus, man könne die Gesellschaft auf behavioristische Prinzipien begründen. In ihrer Hochphase färbte die Bewegung auf Pädagogen, Zoologen und Psychiater ab.

GERADLINIG UND EINGESCHRÄNKT

Behavioristen behaupteten, der Gewinnung von Kenntnissen darüber, wie der Verstand funktioniere – ob der des Menschen, Hundes oder irgendeines anderen Tieres –, seien keine Grenzen gesetzt. Sie haben bewiesen, dass das Verhalten von Tieren in bemerkenswert hohem Maß beeinflussbar ist, und Skinner brachte einigen in Versuchen außergewöhnliche Dinge bei; 1950 etwa spielten zwei Tauben nach mühsamer Dressur in mehreren Etappen Pingpong. Allerdings verlor der Behaviorismus über die Jahre seinen Reiz, weil er manche Erklärung schuldig blieb. In der Praxis bewährten sich viele seiner Grundsätze, bloß waren sie nicht flexibel genug, um Faktoren wie Auffassungsgabe und Anpassungsvermögen zu berücksichtigen.

SCHON GEWUSST?

Falls Sie fachliche Hilfe wegen eines Verhaltensproblems Ihres Tiers suchen, bedenken Sie, dass es keine einheitliche Bezeichnung und Ausbildung für entsprechende Berufe gibt. Achten Sie deshalb auf amtliche Zertifikate und Genehmigungen, bevor Sie sich an Trainer oder Psychologen wenden.

AUFKOMMEN DER ERKENNTNISTHEORIE

Wagemutigere Gelehrte, die das Verhalten und Geistesleben sowohl von Menschen als auch Tieren nicht unter den Tisch kehren wollten, stellten sich dem Behaviorismus entgegen und etablierten die Kognitionswissenschaft. Heute räumen die meisten Forscher ein, dass der Behaviorismus seine Berechtigung hat – viele Hundehalter setzen beispielsweise auf Klickertraining als klassischem Mittel zur Änderung von Angewohnheiten –, aber zu kurz greift, um als hinreichend gelten zu können.

Und was hat das überhaupt mit Hunden zu tun? Zweifel am Behaviorismus befreiten die Verhaltensforschung von Zwängen, weshalb sie nun keinerlei Geistesfunktion oder Tierart mehr ausschließt. Der Haushund hat sich deshalb jüngst als nächstliegendes Studienobjekt erwiesen.

HAT IHR HUND ÜBERSINNLICHE FÄHIGKEITEN?

Logischerweise findet kein Gedankengebäude wissenschaftlicher oder anderer Art ausnahmslos überall Anklang. Rupert Sheldrake, ein so einnehmender wie kontroverser zeitgenössischer Biologe und Autor von *Der siebte Sinn der Tiere*, führt viele bislang unerklärliche Phänomene wie die mutmaßliche Gabe von Tieren, Erdbeben oder Tsunamis vorauszusehen, auf die sogenannte „morphische Resonanz" zurück. Dabei handelt es sich um die kaum massenkompatible Auffassung, der natürlichen Welt lägen Erinnerungen zugrunde, die von Lebewesen perpetuiert werden: „Dinge sind so, wie sie sind, weil sie so waren, wie sie waren." Als das Buch 1999 erschien, hatte Sheldrake seine Gesinnung bereits in mehreren anderen erörtert, nun beschrieb er Telepathie zwischen Mensch und Tier als realistisch. Dem Titel gemäß bezog er sich in seiner Argumentation auf Versuche mit Hunden, die intuitiv ohne Hinweise von außen wüssten, dass ihre Besitzer nach Hause kämen. Anders als Alexandra Horowitz, die jene vermeintliche innere Eingebung wenige Jahre später auf den Geruchssinn zurückführte, beharrte der Verfasser auf Gedankenübertragung als Begründung.

DER FALL JAYTEE

Sheldrake führte seine bekanntesten Versuche mit dem Hundeweibchen Jaytee und seiner Halterin durch. Es wurde ununterbrochen unbeaufsichtigt gefilmt, um die Zeit, die es an einem Fenster wartend verbrachte, jeweils mit Rücksicht darauf zu erfassen, ob Frauchen unterdessen tatsächlich auf dem Heimweg war oder nicht. Die Rückkehr dauerte unterschiedlich lang, die Strecke war nie die gleiche, und Sheldrake sah in Jaytees Ausharren den Beleg für eine telepathische Verbindung mit ihrer Bezugsperson. Kritiker warfen ihm Ungenauigkeit vor, woraufhin eine bis zuletzt ergebnislose Debatte entbrannte. War das Tier übersinnlich begabt? Ein Beweis steht nach wie vor aus.

SEHNSUCHT NACH DAHEIM

Was abnormes, schleierhaftes Betragen von Hunden angeht, steht Sheldrake mit seiner Spekulation nicht allein da. Wiederholt setzen Interessierte dort an, wo anerkannte Wissenschaft daran scheitert, das Betragen von Hunden in befriedigendem Umfang zu durchleuchten. Eine nach wie vor brennende und stets mediale Aufmerksamkeit weckende Frage sowohl unter Haltern als auch Akademikern lautet: „Wie bitteschön finden Hunde manchmal sogar über weite Entfernungen hinweg auf für sie unbekannten Wegen zu ihren Besitzern zurück?" Zu den Ersten, die dies nachweislich schafften, zählt der Collie Bobbie, der 1923 im US-Bundesstaat Indiana von seiner Familie, die dort Urlaub gemacht hatte, getrennt worden und binnen ungefähr sechs Monaten wieder zu ihrem Haus im rund 4.000 km entfernten Oregon gelangt war. Im darauffolgenden Jahr wirkte er in der Verfilmung seiner Odyssee mit, derweil seinerzeit niemand überzeugend darlegen konnte, wie so etwas gelingen mochte. Es wirkte im wahrsten Sinn des Wortes wie ein Wunder, weshalb Skeptiker sogar anfochten, dass es sich bei dem Rückkehrer um ein und denselben Hund handelte.

Seither hört man ab und an ähnliche Storys; erst 2016 machte in Großbritannien der Hirtenhund Pero Schlagzeilen, nachdem er in 14 Tagen von Cumbria in Nordengland in seine Heimat Aberystwyth in Wales zurückgefunden hatte. Die Distanz betrug zwar nur ein Zehntel jener, die Bobbie gelaufen war, verlangte aber trotzdem Respekt – und im Computerzeitalter ließ sich relativ leicht belegen, dass keine Verwechslung vorlag.

Immerhin war er in einem Auto nach Cumbria gekommen und demnach keiner Route gefolgt, die er zuvor genommen hatte, was wohlgemerkt immer noch eindrucksvoll genug gewesen wäre. Und obschon uns das überragende Geruchsvermögen von Hunden bewusst ist, kann man sich schwerlich vorstellen, dass sie sich Hunderte oder wie bei Bobbie Tausende Kilometer weit davon leiten lassen.

EIN INNERER KOMPASS?

Fachleute sind der Annahme auf den Grund gegangen, Hunde seien auf das Magnetfeld der Erde eingestellt und hätten sozusagen ein „eingebautes" Navigationssystem. Manche halten dagegen, dass auch andere Spezies auf ihrer alljährlichen Wanderschaft weit herumkommen und deshalb mindestens genauso aufsehenerregend seien wie die erwähnten Einzelfälle. Damit sind nicht nur viele Vogel- und Walarten gemeint, die regelmäßig mehrere tausend Kilometer zurücklegen.

Der aktuelle Kenntnisstand besagt: Die Zapfenzellen der Netzhaut des Hundes enthalten das lichtempfindliche Protein Cryptochrom 1, das Magnetfelder für sie „sichtbar" macht. Da man es noch nicht lange untersucht, ist bis auf weiteres unklar, wie Tiere diese Gabe nutzen, auch wenn ein Experiment offenlegte, dass sich Füchse beim Jagen an einer Nordostachse orientieren, bevor sie Beute reißen; wie es scheint, erhöht sich dadurch ihre Erfolgsquote, weil sie zielgenauer angreifen. Als Nächstes sollte man bewerten, was das Vorhandensein des Proteins bedeutet und ob es nur die Spitze eines sprichwörtlichen Eisbergs zusätzlicher sensorischer Fähigkeiten ist, die noch nicht durchschaut oder überhaupt erkannt wurden. Leitet den Hund also ein innerer Kompass? Dies bleibt vorerst ungewiss, doch früher oder später steigen wir dahinter.

DIE PERFEKTEN TESTOBJEKTE

Als Hunde für Versuchszwecke ins Auge gefasst wurden, hielt sie das Gros der Verhaltensforscher zunächst für eine abwegige Wahl. 2009 gestand der heute führende Experte Ádám Miklósi in einem Artikel für das Fachblatt *Science*, 1994 darüber gestaunt zu haben, dass der Leiter der Eötvös-Loránd-Universität zur Beschäftigung mit der Spezies geraten hatte. „Ich dachte, er sei verrückt", erinnerte er sich, „behielt es aber für mich."

Die hartnäckigen Vorurteile wurden nach und nach abgebaut. In den 1990ern und frühen 2000ern wandelte sich das Klima im akademischen Milieu schrittweise – und mit ihm wurde der Hund von einem Außenseiter zu einem global gefragten Versuchstier, dessentwegen Universitäten allerorts Labors einrichteten.

HUNDEFORSCHUNG SETZT SICH DURCH

Warum man Hunde mittlerweile gern erforscht:

- Sie interagieren zwanglos mit Menschen, wodurch die Arbeit leichter fällt.

- Die Kosten halten sich im Rahmen, weil es sich bei den meisten Probanden um Haustiere handelt, die nicht in den Labors leben.

- Im Gegensatz zu selteneren Arten, für die man sich in der Vergangenheit erwärmte, herrscht kein Mangel an Hunden, was wichtig ist, um neue Befunde gründlich untermauern zu können.

- Ihre Domestizierung, die anfänglich als Nachteil angesehen wurde, ist für Sozialwissenschaftler umso bedeutender.

- Ihr Erbgut wurde bis 2005 vollständig erschlossen, also lassen sich theoretisch Zusammenhänge zwischen bestimmten Genen und Verhaltensmustern herstellen – der Heilige Gral in Insiderkreisen.

MAINSTREAM-VERMITTLER

Hunde haben noch einen Vorteil – eine gewaltige Fangemeinde weit über den Wissenschaftsbetrieb hinaus. Liebhaber und Besitzer verschlingen Literatur über sie und freuen sich, wenn sich irgendein vermutetes Talent oder Gespür als wahr erweist. Neue Erkenntnisse zum Sozialverhalten, Stammbaum oder Denkapparat der Tiere wecken das Interesse eines allgemeinen Publikums, dem entsprechende Fortschritte bei, sagen wir, Lisztaffen (einer kleinen Affenart, die ebenfalls bevorzugt für Studien verwendet wird) egal wären. Vierbeiner machen die Fachrichtung öffentlichkeitswirksamer und zusehends konsensfähig. Dr. Miklósi, der Verhaltensforschung an Hunden rundweg abgelehnt hatte, startete schließlich das Pilotprojekt Family Dog Research, das die Untersuchung des Verhältnisses zwischen Hunden und Menschen nun vorantreibt wie nur wenige.

DAS IMITATIONS-SPIEL

Zwischen der Handlungssteuerung und -kontrolle des Behaviorismus sowie dem Kognitivismus, in dessen Brennpunkt naturgegebene Verhaltensmodelle und verschiedene Aspekte von Intelligenz stehen, liegen Welten. Dennoch überschneiden sich beide Bereiche bisweilen – wie 2013, als die Nachricht umging, Hunde könnten Menschen nachahmen.

Dass eine Spezies beständig sichtbar imitierte, hatte man seit einem Versuch in den 1950ern an dem Babyschimpansen Viki nicht erlebt, zumal jene Art wie der Mensch den Primaten angehört. Keith und Catherine Hayes waren beim Aufziehen des Tieres experimentell gemäß einem selbst entwickelten System (DAID für *Do As I Do*, also „Tu es mir gleich") vorgegangen, damit es nachmachte, was sie taten. Imitation, die aufrichtigste Form der Schmeichelei, ist aber ein komplexer Aspekt unseres Miteinanders. Der Budapester Ethologe József Topál griff die Methode des Paares 2006 wieder auf, um einen Hund abzurichten, dem bis 2013 mehrere andere folgten. Heute hat sie viele Anhänger und taucht wiederholt sowohl in der Erziehungsliteratur als auch den Medien auf.

WIE FUNKTIONIERT DAID?

Um jemanden imitieren zu können, muss ein Hund zunächst lernen, darauf achtzugeben, was als Nächstes geschieht, dann zuschauen und es nachmachen. Ursprünglich traute man nur Tieren mit Sonderbegabung alle drei Schritte zu, doch im Lauf der Jahre ließ sich einer Vielzahl von ihnen der gesamte Vorgang antrainieren, was DAID als Erziehungshilfe umso erfolgreicher machte. Eine Fülle von Videos zeigt eifrige Hunde, die von ihren Ausbildern in unterschiedlichen Aktivitäten (Spielzeuge ziehen, in Kartons springen) unterwiesen werden. Velvet, die Hündin der prominenten DAID-Lehrerin Claudia Fugazza, ahmt ihr Frauchen nunmehr unaufgefordert nach und hüpft sogar in die Badewanne, nachdem sie geleert wurde, um darin zu „relaxen".

WEISS ER, DASS ER „ER" IST?

Experten schließen aus der Fähigkeit zur Nachahmung, dass Hunde ein Gedächtnis haben; sie müssen sich ein Handling einprägen, um sie zu imitieren, was manchen auch noch nach einer Stunde gelingt. In der Verhaltensforschung hängen Erinnerungsvermögen und Selbstbewusstsein eng zusammen. Sind sich Hunde also ihrer selbst bewusst? Wissen sie um ihre Einzigartigkeit im Verhältnis zu anderen? Man überprüfte dies traditionsgemäß bei Primaten, Delfinen und einigen weiteren Arten mit einen Spiegel, in dem sie sich erkennen sollten. Dass Hunde dies nicht tun, dürfte vor allem mit ihrem Sehsinn zusammenhängen.

WIE SICH DELFINE SELBST SEHEN

Vor einem Spiegeltest werden die Probanden zuerst am Körper markiert, ein Delfin etwa mit einem schwarzen X an einer bestimmten Stelle. Er besteht, falls er es an seinem Spiegelbild bemerkt und sich daraufhin abwendet, um es am eigenen Leib zu sehen, es zu entfernen versucht oder sich windet, damit er es aus einem anderen Blickwinkel betrachten kann. Ein Schimpanse wird sich nach der Markierung abtasten und vergewissern, ob seine Artgenossen auch damit versehen wurden, so mehrere Tiere teilnehmen. Hunde reagieren nicht in dieser Weise auf den Anblick ihrer selbst, und obwohl wahrscheinlich jeder denkt, Menschen würden den Test mit Leichtigkeit bestehen, „wachsen" sie quasi in ihr Selbstbewusstsein hinein, weshalb es erst nach anderthalb Lebensjahren ausgeprägt ist.

SICH SELBST RIECHEN

Alexandra Horowitz vom New Yorker Barnard College dachte um die Ecke und entwickelte einen Alternativtest, der auf dem Geruchssinn basierte: Wenn sich ein Tier selbst im Spiegel erkennt, sollte sich ihrer Meinung nach eruieren lassen, ob sich Hunde, für deren Wahrnehmung die Nase mindestens genauso wichtig ist wie die Augen, auch mit ihrem eigenen Geruch identifizieren. Sie sammelte Urinproben mehrerer Tiere und tröpfelte etwas davon in Behälter, von denen sie einen zusammen mit einem weiteren in einem ansonsten leeren Raum aufstellte. Bevor sie jeden Hund einzeln hereinließ. Die Behälter enthielten jeweils seinen Urin und jenen bzw. eine Gewebeprobe von anderen; alle 37 Probanden schnupperten wesentlich länger an ihrer Probe als der fremden.

Belegt Horowitz' „Geruchsspiegel", dass Hunde über Selbstbewusstsein verfügen? Daran scheiden sich die Geister, doch ihr Ansatz ging in die richtige Richtung, und die meisten Besitzer möchten wohl glauben, dass es stimmt. Rein wissenschaftlich ist nichts bewiesen, also bleibt die Frage unter Fachleuten heiß diskutiert.

HUNDEEXPERIMENTE ALS TREND

Sobald Hunde als Versuchstiere akzeptiert waren, mussten sich früher oder später auch ihre Halter einbringen. Dr. Brian Hare vom Verhaltensforschungszentrum an der Duke University in North Carolina dürfte mithin zuerst aufgefallen sein, dass sie sich in der Annahme, ein vierbeiniges Genie zu Hause zu haben, gar nicht schnell genug zu Labortests melden können.

Darüber hinaus befinden sich Programme in Entwicklung, die Untersuchungen vor Ort verzichtbar machen. Hochgradig durchstrukturierte Versuche mit ausführlichen Anleitungen und Fragebögen rufen Laienforscher auf den Plan, die unentgeltlich arbeiten. Einige Studien – etwa Dognition Assessment (siehe unten) – zahlen sogar für das Privileg.

EINE WISSENSCHAFT GEHT UM DIE WELT

Hundekognitions-Labors gibt es nun an Universitäten auf der ganzen Welt, nachfolgend ein paar Beispiele und Themen aus dem englischsprachigen Raum:

Forschungszentrum für Hundeverhalten, Universität Yale, USA
Funktionsweise des Sehapparats; Sozialstimuli zwischen Mensch und Hund; Wahlverhalten von Hunden; Touchscreen-Experimente

Forschungszentrum für Hundeverhalten, Universität Portsmouth, GB
Kommunikation Mensch-Hund; Lernen von anderen Hunden und Menschen; Selbstkenntnis; Verständnis der materiellen Umgebung; Mimik

Horowitz Forschungszentrum für Hundeverhalten, New York, USA
Spiel mit Menschen; Geruchsdifferenzierung bei Hunden; Vermenschlichung; Aufmerksamkeit und Zeichengebung im Gruppenspiel; Lautgebung unter Hunden

La Trobe Universität, Bendigo, Australien
Mensch-Hund-Beziehungen; psychologischer und gesellschaftlicher Nutzen von Diensthunden; Hörsignale als Lernhilfen

The Family Dog Project, Eötvös-Loránd-Universität Budapest, Ungarn
Evolutionäre und ethologische Grundlagen von Mensch-Hund-Beziehungen

DOGNITION ASSESSMENT

Mit einem Gremium, in dem sich große Namen der Hundeforschung versammeln, und einer völlig neuen Art von Erprobung mag Dognition Assessment, ein weiteres Steckenpferd von Dr. Brian Hare, einen Vorgeschmack der Zukunft auf diesem Feld geben. Es handelt sich um eine Mischung aus Forschungstool und Crowdfunding-Projekt: Man zahlt für die Anmeldung und erhält Anweisungen zu Tests inklusive eines detaillierten Fragebogens und Beschreibungen von zehn Spielen oder Versuchen, die in fünf Kategorien unterteilt sind – Mitgefühl, Kommunikation, Schläue, Erinnern und Folgern.

Nach Abschluss reicht man die Ergebnisse ein, woraufhin auf der Grundlage von neun Profilen ein Persönlichkeitsbild des Hundes erstellt wird, das ihn als herzig, einzelgängerisch, verträumt, kontaktfreudig und dergleichen charakterisiert. Ein Teil der Arbeit wird durch das entrichtete Geld finanziert.

Dass es sich einbürgert, Tierhalter zu Hause forschen zu lassen und zugesandt zu bekommen, was sie entdecken, ist nicht unwahrscheinlich. Befürworter verweisen auf die Effizienz solcher Verfahren, da man erheblich mehr Objekte testen kann als in Labors, wohingegen Kritiker die Unvoreingenommenheit der durchführenden Besitzer bezweifeln.

NOCH MEHR ZUKUNFTSMUSIK

Sind nun, da Forschungen zur Kognition von Hunden endgültig akzeptiert werden, ihrer Entwicklung keine Grenzen mehr gesetzt? Was wohl in den nächsten zehn Jahren alles zutage gefördert wird? Welche Wege wird die neue Forschergeneration einschlagen? Hier ein paar Prognosen darüber, was kommen könnte …

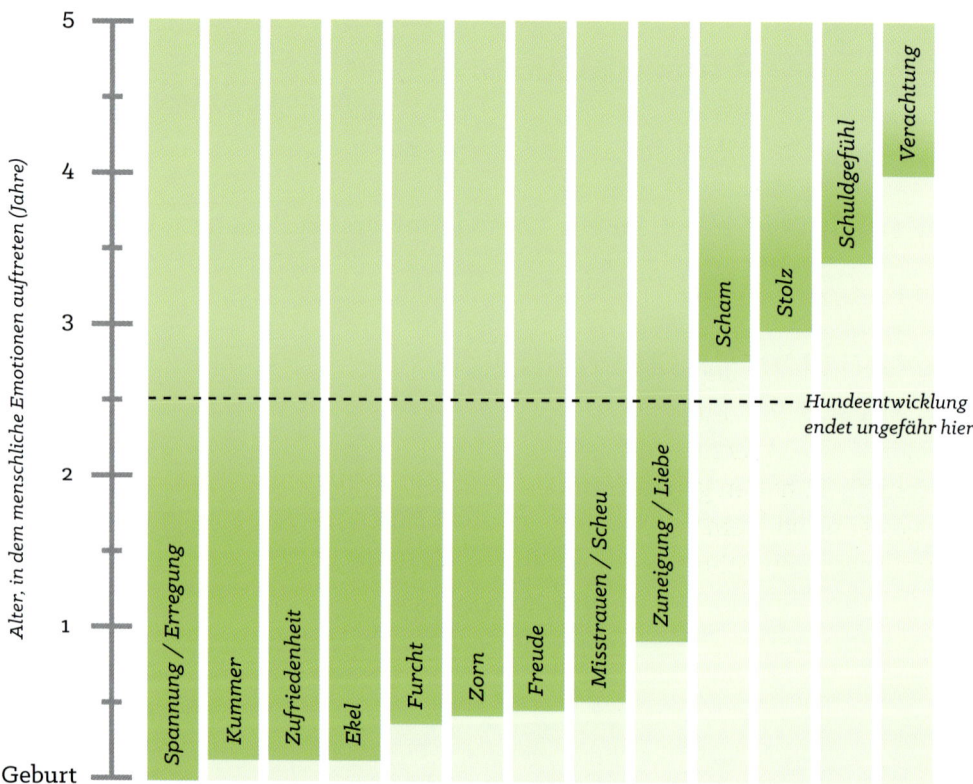

EMOTIONEN

Im 17. Jahrhundert behauptete der französische Philosoph René Descartes, Hunde hätten keine Gefühle, sondern seien im Grunde empfindungslose Geschöpfe und nur zufällig belebt. Über 300 Jahre später hat sich die Wissenschaft um Lichtjahre von dieser Auffassung entfernt und wird sich voraussichtlich noch weiter entfernen. Derzeit setzt man voraus, dass der Hund ungefähr über das Gefühlsspektrum eines menschlichen Kleinkinds verfügt.

Selbiges umfasst Freude, Zorn, Furcht und Ekel, nicht jedoch Facetten wie Reue oder Scham, die mit dem Heranwachsen einhergehen. Eine Reihe von Experimenten ergab übrigens, dass Hunde keine Schuldgefühle kennen, obwohl man sie ihnen am Gesicht abzulesen meint. Auf diesem Feld sind allerdings noch zahlreiche Aspekte ungeklärt, also dürfte ihm weiterhin verstärkt Aufmerksamkeit zuteilwerden.

VORSPRUNG DURCH TECHNIK

Im Umgang mit Tieren kommt es darauf an, Anweisungen so zu geben, dass sie in der Lage sind, Probleme zu lösen. Voraussichtlich wird sich die Wissenschaft der Zukunft neuer Bildgebungsverfahren behelfen, um Hunden Aufgaben zu stellen. MRT-Geräte generell scannen Gewebe und Organe, während die funktionelle Magnetresonanztomografie die Durchblutung aktiver Gehirnareale sichtbar macht. Wie schon beschrieben, halten geübte Hunde lange genug still, um die Technik ihren Dienst verrichten zu lassen, weshalb man absehen kann, dass sie in den kommenden Jahren eine zentrale Rolle spielen wird.

ERINNERUNGS-VERMÖGEN

Die Gedächtnisforschung gerät sicherlich auch nicht ins Hintertreffen. Das DAID-System scheint demonstriert zu haben, dass sich Hunde Dinge länger als geahnt behalten können – zuvor hatte man ihre Erinnerungsspanne auf zwei Minuten geschätzt –, aber auch hier wissen wir einiges nach wie vor nicht mit Bestimmtheit.

KAPITEL 8: VERSTEHEN SIE IHREN HUND

Nein, er kann nicht sprechen, und falls Sie sich in ihn hineinversetzen möchten, spielt Ihre Nase nicht mit, also besteht zwischen Ihnen beiden ein gewisses Verständnisproblem. Dessen ungeachtet können sich Mensch und Tier, wenn sie etwas über die Laune des jeweils anderen erfahren wollen, nach ihrer Körpersprache richten. In den vorangegangenen Buchkapiteln haben Sie Einsichten in die Sinneserfahrung des Hunds gewonnen, jetzt geht es um gestische Kommunikation.

DIE FEINE HUNDEGESELLSCHAFT

Beim Beobachten einer Gruppe auf weitläufigem Gelände von der Leine gelassener Hunde staunt man mitunter darüber, was alles passiert. Sie tauschen sich mehr oder minder genauso intensiv untereinander aus wie mitteilsame Menschen.

Nachdem sie sich behutsam angenähert haben, schnuppern sie ausgiebig, nehmen Abstand und setzen demonstrativ Duftmarken oder ducken sich geziert vor einem Weibchen. Sollten Sie einen geselligen Hund haben, nehmen Sie sich regelmäßig fünf Minuten Zeit, um ihm beim Interagieren mit anderen zuzuschauen. Es dauert kaum eine Woche, bis Sie wiederkehrende Verhaltensweisen ausmachen und genauer zwischen verschiedenen Wesensarten unterscheiden können, als Sie es sich bisher zutrauten.

In einem Rudel ist eine Menge los. Einige Tiere kehren ihre Absichten offensichtlicher hervor, andere muss man sorgfältiger im Auge behalten. Einen undurchsichtigen Typen gibt es immer; er ähnelt einem Menschen, der eine Kneipe betritt und sofort mit allen Gästen anbandeln möchte, ohne zu bemerken oder wahrhaben zu wollen, dass sie ihn ablehnen. Dann wären da noch der Zurückhaltende, der Abstand vom Gewimmel wahrt und nur am Hintern eines anderen schnüffelt, wenn dieser von irgendetwas abgelenkt ist, sowie diejenigen, die zwischen jenen beiden Extremen stehen. Sie rennen herum, schnuppern oft unverhohlen, spielen bereitwillig Fangen mit jedem, der sich auf sie einlässt, und schlagen gelegentlich Wasser ab, um potenziell Neugierigen Informationen über sich zu geben.

FRÜH ÜBT SICH ...

Veranlagung und Umstände bestimmen, wie leicht Hunden die Kontakt-
aufnahme mit anderen fällt. Ein Faktor dabei ist ihr naturgegebenes Wesen:
Manche scheinen extrovertiert und unbekümmert geboren zu sein, andere
sind grundsätzlich reserviert und weniger empfänglich für neue Erfahrungen.
Ihre Sozialkompetenz hängt in der Regel davon ab, inwieweit sie während der
Prägephase (gemeinhin verortet zwischen der 4. bis 16. Lebenswoche) sozia-
lisiert wurden. Währenddessen umfassend an Kontakt gewöhnte Welpen

neigen zu ungezwungener Interaktion – je nach Gemüt natürlich mehr oder weniger, denn kein scheuer Welpe wird je zu einem extrovertierten Hund werden, egal wie gründlich man ihn auch ans Zusammenleben gewöhnt hat. Einiges hängt zudem davon ab, wie weit man den Begriff des Vertrautmachens fasst; Studien zufolge garantiert das Aufwachsen als Mitglied einer Familie nicht, dass ein Hund mit fremden Artgenossen klarkommt, falls er früher keine Bekanntschaften außerhalb seines vertrauten Kreises gemacht hat. Nach der Prägezeit kann ein unangepasstes (oder nicht ausreichend angepasstes) Tier über kurz oder lang trotzdem Anschluss finden, selbst wenn es ihm nie leichtfallen dürfte.

PLAY LIKE A DOG

Nehmen Hunde zur Kenntnis, wenn Angehörige einer anderen Spezies mit ihnen spielen möchten? Ein Versuch, in dem Besitzer „Verbeugen" mit ihren Tieren spielen sollten (Buckel machen, Hände nach unten und Hintern nach oben strecken, zum Schluss damit wackeln), deutete darauf hin, dass sie solche Gesten auch von anderen Arten ausgehend interpretieren können. Sollten Sie sich nicht davor zieren, probieren Sie es ruhig aus!

VERRÄTERISCHE ZEICHEN

Um die Stimmung Ihres Gegenübers einzuschätzen, ohne sich zu unterhalten, bewerten Sie vermutlich die Mimik und dann, um einen Gesamteindruck zu erhalten, das begleitende Gebaren. Bei einem Hund können Sie es genauso halten.

Profis setzen dort an, wo etwas auf dem Spiel steht (etwa um ein aggressives Tier einzustufen), und haben gelernt, Stimmungen binnen Sekunden anhand typischer Hinweise zu taxieren. Sie selbst werden vielleicht nie so schnell, können es aber trotzdem ausprobieren, indem sie Ihren Hund kurz vom Kopf bis zur Schwanzspitze mustern. Unten listen wir Aspekte auf, auf die Sie achten sollten.

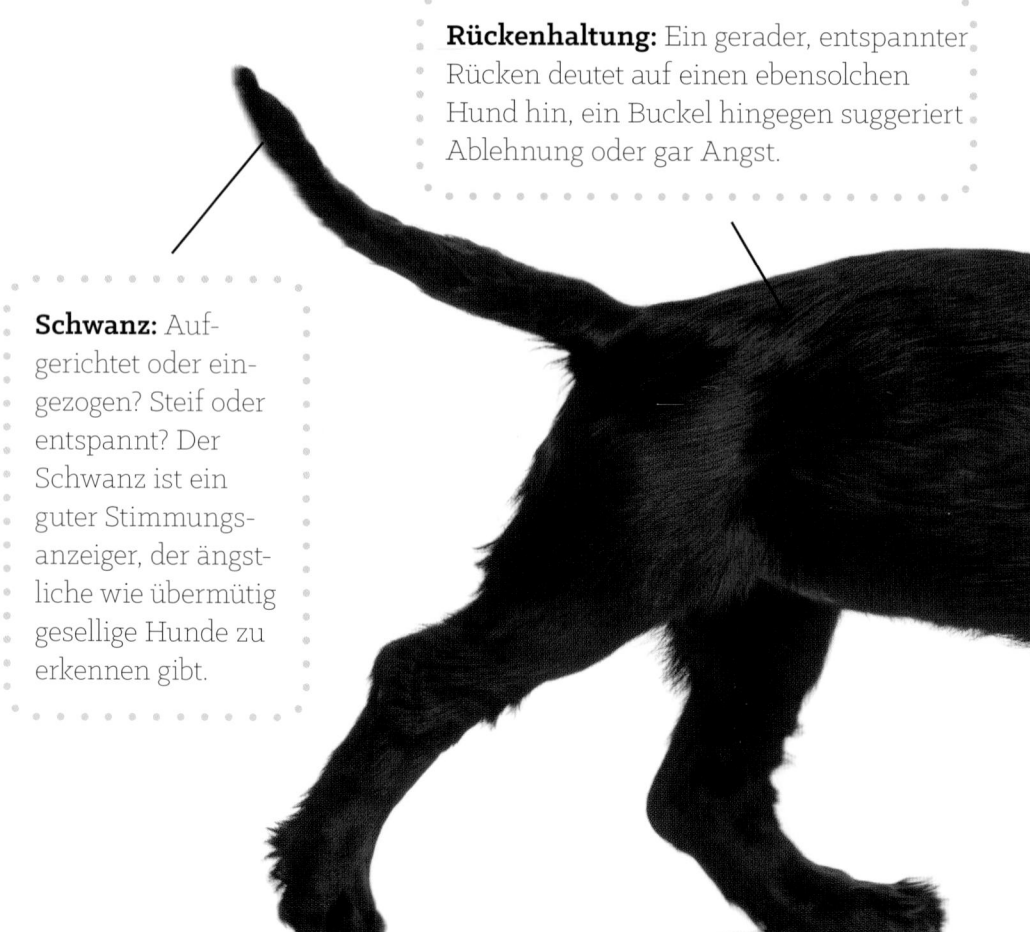

Rückenhaltung: Ein gerader, entspannter Rücken deutet auf einen ebensolchen Hund hin, ein Buckel hingegen suggeriert Ablehnung oder gar Angst.

Schwanz: Aufgerichtet oder eingezogen? Steif oder entspannt? Der Schwanz ist ein guter Stimmungsanzeiger, der ängstliche wie übermütig gesellige Hunde zu erkennen gibt.

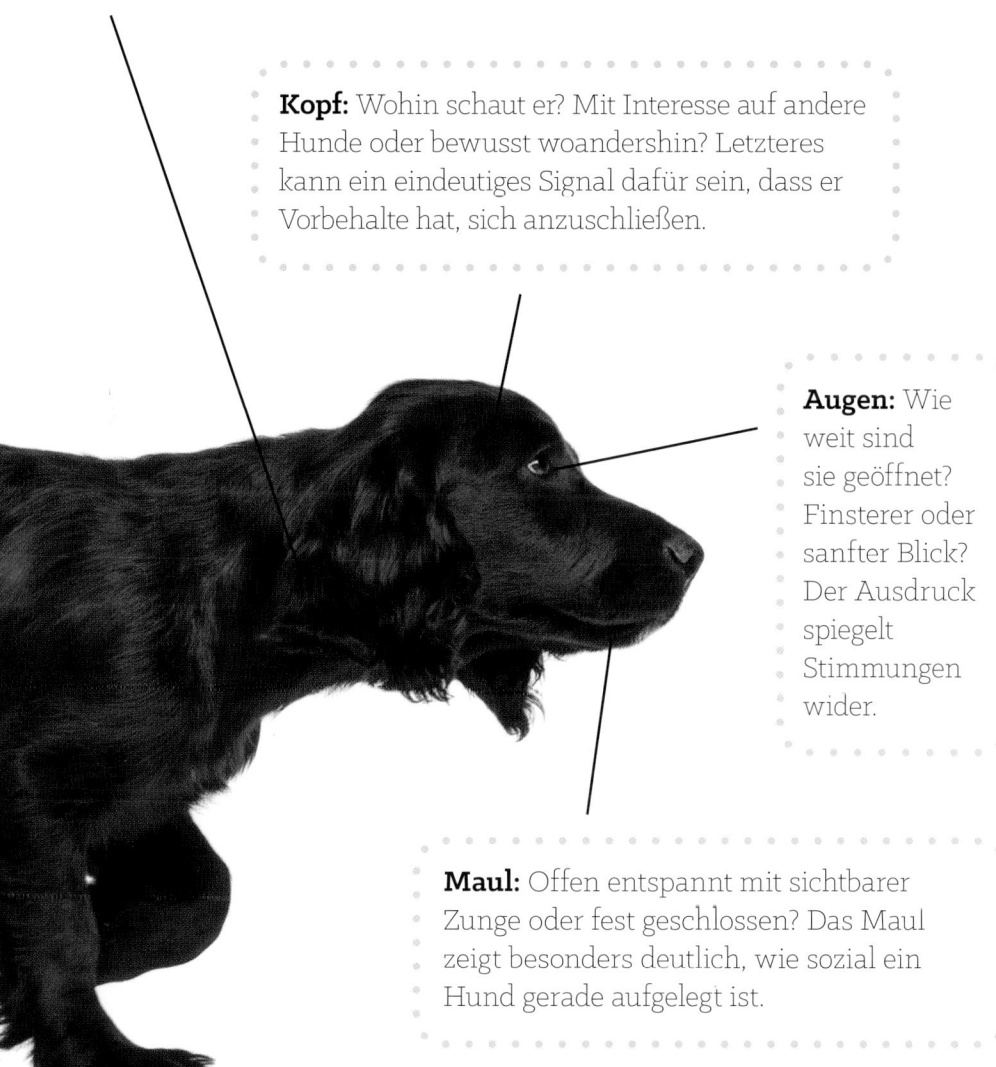

Gesamthaltung: Dadurch, wie sich ein Hund in der Nähe anderer aufstellt, sagt er etwas aus: verkrampft steif? Selten ein gutes Zeichen. Locker entspannt? Vermutlich kontaktfreudig.

Ohren: Aufgestellt oder angelegt? Nach vorn oder hinten gerichtet? An den Ohren erkennt man die Interessen, Absichten und Launen eines Hundes hervorragend.

Kopf: Wohin schaut er? Mit Interesse auf andere Hunde oder bewusst woandershin? Letzteres kann ein eindeutiges Signal dafür sein, dass er Vorbehalte hat, sich anzuschließen.

Augen: Wie weit sind sie geöffnet? Finsterer oder sanfter Blick? Der Ausdruck spiegelt Stimmungen wider.

Maul: Offen entspannt mit sichtbarer Zunge oder fest geschlossen? Das Maul zeigt besonders deutlich, wie sozial ein Hund gerade aufgelegt ist.

DIE AUGEN LÜGEN NICHT

Auch wer ungern vermenschlicht, muss zugestehen, dass Hunde mit ihrem Blick eine Menge von sich preisgeben. Üben Sie, ihn zu interpretieren: Starren ist eines der frühen Indizien dafür, dass sich das Tier nicht wohlfühlt, derweil ein sanfter Ausdruck ziemlich sicher auf Zufriedenheit und Ruhe hindeutet.

Die Augen eines glücklichen Hundes wirken rund, wenn auch nicht in übertriebenem Maße, und die Muskeln ringsum – eigentlich alle Züge – sind entspannt. Manchmal scheint er bei Gelassenheit ein bisschen zu schielen – schwer zu beschreiben, aber einfach zu erkennen. Das Gegenteil ist der Fall, wenn er einen Artgenossen anstarrt. So ein kalt ablehnender, verkniffener Blick bedeutet üblicherweise Ärger. Wer so dreinschaut, möchte etwas von einem anderen oder nimmt vorweg, dass aus einem Spiel etwas Ernsteres wird. Im Gegensatz zu Menschen sehen Hunde einander rundheraus an und provozieren eine Konfrontation, indem sie es direkt mit strenger Miene tun.

WAS GUCKST DU?

Genaugenommen ist es kein Gesichtsausdruck, sondern ein Wegschauen, das kommunikativ erfahrene Hunde in verfänglichen Situationen allerdings genauso gut beherrschen wie den unmittelbaren Blick. Die Gründe dafür sind vielfältig: Scheu oder Nervosität, deretwegen sie so tun, als würden sie andere nicht wahrnehmen, weil sie eine Situation beobachten, derer sie sich nicht sicher sind, und vorschnellen Kontakt meiden. Konträr dazu mag ein zuversichtliches Tier einen Artgenossen nicht anschauen, da dieser weniger selbstbewusst ist, anscheinend, um keinerlei Feindseligkeit zu vermitteln. Zusammen mit Zungenschnalzen (mehr dazu später) entsteht ein leiser Eindruck von Hektik; im Verbund mit kurzem Wasserlassen wie zur Gebietsmarkierung hingegen könnte es eine bekräftigende, motivierende Geste sein, eine unaufdringliche Einladung zum Näherkommen, Beschnuppern und Kennenlernen.

SCHON GEWUSST?
Sehr weit geöffnete und auffallend runde Augen deuten oft auf unangenehme Erregtheit hin, womöglich Stress oder Angst. Diesen Ausdruck können „Walaugen" zusätzlich verstärken, wenn sich die Lederhaut, das Weiße in den Augen, anders als normalerweise als helle Umrandung der Iris zeigt.

MAUL-TIERE

Die Schnauze ist zum Ausloten von Stimmungen genauso aufschlussreich wie die Augen eines Hundes. An den Winkeln des Mauls (auch Kommissuren) lassen sich Anspannung und Geruhsamkeit, Spielfreude und Konfliktbereitschaft unterscheiden; berücksichtigen Sie ferner, ob er es aufsperrt oder geschlossen hält, steigen Sie rasch dahinter, wie er sich fühlt.

Das Maul eines gelassenen, frohen Tieres ist meistens geöffnet, und die Zunge hängt teilweise heraus, die Lefzen sind erschlafft und kräuseln sich nicht. Fest geschlossen suggeriert es eine wie auch immer geartete Verstimmung. Im ärgsten Fall verkrampft der Hund, sodass die Lippenhaut vor Anstrengung Falten wirft. Wer einen Hund unter Stress genauer untersucht (wir raten davon ab), beobachtet sogar, wie sich seine Vibrissen sträuben.

LÄCHELN HUNDE?

Tierärzte und Ethologen hören es häufig: „Mein Hund scheint zu grinsen." Stimmt das? Man sollte keine menschlichen Maßstäbe anlegen, was jedoch nicht bedeutet, dass er verstimmt ist. Manche blecken die Zähne, ohne zu versteifen, was möglicherweise auf eine unterwürfige Reaktion zurückgeht und in der Tat einem Lächeln ähnelt. Es handelt sich definitiv nicht um die Warnung, Abstand zu wahren, weil sich das Tier bedroht fühlt, sondern tritt am häufigsten auf, wenn es friedfertig ist, vielleicht daheim auf dem Sofa oder seinem Kissen. Die Behauptung, Hunde hätten im andauernden Kontakt zu Menschen „lächeln" gelernt, klingt zwar ansprechend, ist aber leider nicht wissenschaftlich fundiert.

ZUNGENSCHNALZEN

Nahezu jeder Hund teilt sich auch mit der Zunge mit, was Ihnen vielleicht erst klarwird, wenn Sie gezielt darauf achten. Indem er sich rasch das Maul oder die Nase leckt, erzeugt er ein Schnalzen. Eine Studie offenbarte, dass er dies nicht tut, wenn Artgenossen oder Menschen zugegen sind, also ist davon auszugehen, dass es sich um ein bewusst ausgesandtes Signal handelt. Anscheinend drückt es leichtes Unbehagen aus (z. B. weil der Hund gestreichelt wird, aber lieber seine Ruhe hätte) oder soll beschwichtigen (etwa beim Vorbeigehen an einem anderen, der ihm nicht geheuer ist). Im Allgemeinen kann man es so interpretieren, dass er keine Herausforderung oder Bedrohung darstellen und auch selbst ungestört bleiben möchte.

GANZ OHR

Aus naheliegenden Gründen sind große, spitze, aufgerichtete Ohren wie die des Deutschen Schäferhundes oder Huskys am aussagekräftigsten. Umgekehrt verhält es sich mit den außerordentlich langen, herabhängenden des Bluthunds oder Pointers, bei dem sie freilich nicht ganz so „schlotterig" sind.

Fasst man die Muskeln am Ansatz ins Auge, versteht man bei den meisten Rassen schnell, wie ihnen gerade zumute ist, obwohl Extremfälle wie der Afghane mit seinen Zotteln schwer ergründbar bleiben.

DER RICHTUNG NACH

Die Ohren tragen nicht wenig zur Zeichenkommunikation bei und helfen dem Hund, Erregung, Neugier, Unbehagen, Belastung, Wut oder Angst hervorzukehren. Als grobe Faustregel kann man annehmen, dass ein Spitzen oder Vorkippen Interesse bedeutet und selbiges zunimmt, je weiter sie sich neigen. Legt das Tier die Ohren an, fühlt es sich unwohl oder will in Frieden gelassen werden. Zwischen hoher Alarmbereitschaft und furchtsamem Zurückziehen gibt es Abstufungen, doch es genügt, auf die Stellung der Ohren und das Maul zu schauen, um mehr über die Befindlichkeit eines Hundes zu erfahren.

SCHON GEWUSST?
Geraten Sie an einen ängstlichen Hund, sollten Sie nicht nur zurücktreten und Abstand wahren, sondern sich ihm auch seitlich zukehren. Dann hält er Sie sofort für weniger bedrohlich.

OHREN UND MAUL

Diese Kombinationen deuten an, wie wohl oder unwohl sich ein Hund fühlt. Unschöne Begegnungen mit Menschen ergeben sich größtenteils dadurch, dass jemand die Signale des Tieres, wenn es sich extrem unbehaglich fühlt oder fürchtet, falsch interpretiert und seine Nähe sucht, statt sich fernzuhalten. Angst ist mithin die Hauptursache für Aggression bei Hunden.

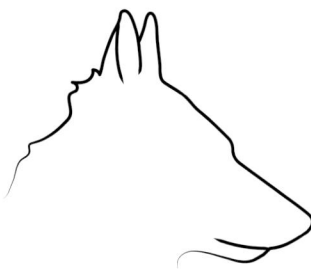

Ohren nach vorn:
Leicht: wenig Interesse
Etwas weiter: Neugier
Weit: hohe Aufmerksamkeit

Ohren neutral:
Kein Grund für Bedenken

Ohren nach hinten:
Leicht: Distanz, leichtes Unbehagen
Etwas weiter: Unbehagen, Beunruhigung
Weiter, am Hinterkopf liegend: äußerste Verstimmung, Angst

Maul geschlossen:
Gesicht und Muskeln entspannt: neutral
Gesicht angespannt, gerunzelte Schnauze: Unbehagen, Angst kann zu Aggression führen

Maul offen:
Entspannte Lefzen, evtl. heraushängende Zunge: Wohlgefühl, Ruhe
Lefzen von Zähnen zurückgezogen, gerunzelte Schnauze: Unbehagen, Unruhe

SCHWÄNZELEI

Wie ein Hund seinen Schwanz hält, verrät seinen Artgenossen einiges und ist zugleich die Ursache für eines der größten Missverständnisse im Alltag mit Menschen. Als Kindern macht man uns weis, ein glücklicher Hund würde damit wedeln, was man allerdings nicht verallgemeinern darf, denn diese Bewegung muss nicht immer ein Zeichen guter Laune sein.

HIN UND HER

Achten Sie darauf, wie schnell der Schwanz wackelt und wie steif er dabei ist. Der wuschelig lange, bewegliche des Golden Retrievers lässt sich beispielsweise unschwer beurteilen, und wenn er locker schwungvoll auf mittlerer Höhe pendelt, zeugt dies von genügsamer Heiterkeit. Starr hochgestreckt und langsam schaukelnd vermittelt er aber normalerweise etwas ganz anderes, nämlich Obacht angesichts einer unangenehmen Situation. Miteinbeziehen sollten Sie auch den Einfluss des jeweiligen Ortes, denn steht das Tier etwa in seinem Korb, wäre eine Annäherung unklug, egal ob durch den Menschen oder Artgenossen. Im weitesten Sinn dürfen Sie eine starre Bewegung als Warnung auffassen, deren Dringlichkeit zunimmt, je langsamer sie erfolgt. Entspannt schwingt der Schwanz mittelhoch aus; wenn der Hund extrem gereizt ist, hebt er ihn weiter an, und wird er gesenkt oder eingekniffen, zeigt dies Unwohlsein, falls nicht sogar Furcht.

SCHWIERIGES SCHWANZLESEN

Einige Schwanzbewegungen lassen sich natürlich nicht so leicht entschlüsseln. Retriever, Labradorhunde und jetzt auch Pudel oder Pointer, weil das Kupieren zusehends eingeschränkt bzw. verboten wird, teilen sich sehr verständlich durch Schwänzeln mit. Rassen wie der Mops, die von Natur aus einen kurzen oder eingerollten Schweif haben, und beispielsweise der Samojede, der ihn hochstellt und abknickt, geben uns hingegen nie viel über ihre Stimmung preis. Darum muss man sich bei ihnen nach anderen Körpersignalen richten.

LINKS ODER RECHTS?

Abgesehen davon, ob Schwänze steif oder entspannt sind, hat sich in jüngerer Zeit ein weiterer Faktor herauskristallisiert, der für die Kommunikation von Hunden mit dem Hinterteil entscheiden ist. An der Universität von Trient in Italien wurde untersucht, wie sie jeweils reagieren, wenn ihr Gegenüber von links nach rechts und umgekehrt wedelt. Am Ende zeigten sich Tiere, die an anderen eine linksseitige Bewegung beobachteten, aufgeregter als bei einer rechtsseitigen und waren dementsprechend weniger zögerlich, auf Artgenossen zuzugehen, deren Schwanz nach rechts ausschlug. Die Studie verdeutlichte, dass auf diesem Feld noch eine Menge Nachholbedarf besteht; als Nächstes möchte man herausfinden, ob die Richtungsgeste unbewusst oder vorsätzlich ist.

FAZIT

Unsere eigenen Tiere kennen wir im Allgemeinen hinlänglich. Weil wir so gut von ihrem Verhalten auf ihre Laune schließen können, tun wir es intuitiv. Betrachten wir verschiedene Hunde in verschiedenen Situationen, werden uns ihre Gemeinsamkeiten und Unterschiede umso klarer. Ihre vielen Ausdrucksmittel von den Ohren- bis zu den Schwanzspitzen wahrzunehmen wird so immer einfacher.

Sowohl die positiven als auch negativen Stimmungsäußerungen hündischer Körpersprache erkennen zu können hat noch etwas Gutes: Sie nehmen dann willkommene Begegnungen gelassen hin und lenken bei unliebsamen ein, bevor es heikel zwischen den beteiligten Tieren wird. Darüber hinaus macht es Spaß, versiert im Durchschauen von Charakteren zu sein. Beim Beaufsichtigen einer Gruppe bestimmen Sie rasch den abenteuerlustigen Draufgänger, den schüchternen Zaungast, dem ein bisschen bange ist, oder ein Großmaul, das aufdringlich laut bellt, sich aber eigentlich bloß freut, und den gefürchteten Wichtigtuer, der im Spiel unbedingt, aber unnötigerweise den Ton angeben will.

INNEHALTEN UND PAUSEN

Beim ausgelassenen Tollen erkennen Sie neben einer Fülle ausdrucksstarker Gebärden auch, dass Hunde oft innehalten. Über solch kurze Pausen und die begleitende Körperhaltung kommunizieren sie auch untereinander, wobei sie sich gespielt „verbeugen", mit der Zunge schnalzen und schütteln.

Verbeugungen stehen oft als Einladung am Anfang von Spielen zwischen Hunden, können aber auch ein paar Sekunden Pause bedeuten, worauf bei Jagdspielen die Rollen von Jäger und Gejagtem getauscht werden.

Schütteln erklärt sich von selbst: Der Hund erschauert kurz heftig am ganzen Körper, bevor er sich mit etwas anderem befasst. Er tut dies nicht nur unter Artgenossen, sondern auch nach dem Aufwachen, ehe er sich für eine Aktivität entscheidet oder auf ein Spielzeug fokussiert und anfängt, mit seinem menschlichen Gefährten zu tollen.

Zungenschnalzen beobachtet man häufig, wenn sich ein Hund aus einer Situation zurückzieht. Verhaltensforscher sehen darin eine Art Entschuldigung dafür, dass er sich, aus welchem Grund auch immer, ausklinkt.

HUNDEGLEICHUNGEN

Wenden Sie das Gelernte in der Praxis an, um herzuleiten, wie sich Ihr Hund gerade fühlen mag, indem Sie die jeweilige Situation mitberücksichtigen. In gleicher Weise wie bei anderen Menschen müssen Sie auf seine Mimik und Gebärden achten, um relativ genau sagen zu können, was er ausdrückt. Sind Sie bei einer Gruppe von Tieren im Freien, erkennen Sie außerdem, ob alles okay ist oder die Stimmung umzukippen droht, weil eines so aufgeregt wird, dass es Konflikte heraufbeschwört. Wir haben im Folgenden Beispiele für weitverbreitete Kombinationen von Signalen zusammengestellt, die sich Hunde untereinander geben.

Abgewandt + entspannt, Schwanz und Körper geschmeidig + entspannt offenes Maul, sichtbare Zähne = recht gute Laune. Wegschauen kann aber bedeuten, dass er in Ruhe gelassen werden oder einen anderen, nervöseren Hund mit seiner Körpersprache beruhigen will.

Geschlossenes Maul beim Spiel + starr konzentrierter Blick + wackelnder Schwanz, steif aufgerichtet = Er scheint sich zu sehr hineinzusteigern. Sie könnten ihn zurechtweisen oder die Gruppe ablenken (etwa mit Leckereien), um für Entspannung sorgen.

Allein, niedrige Körperhaltung + abgewandt, ausweichender Blick + Schwanz eingezogen = Er scheint sich zu fürchten; egal wovor, er fühlt sich im Augenblick nicht wohl, also sollte man ihn aus der Situation befreien, die ihn beunruhigt.

Nähert sich mit nach vorn aufgestellten Ohren einer spielenden Gruppe + Maul geschlossen + Schwanz steif = Hier sollten Sie eingreifen. Er meint wohl, sich einmischen und das Spiel bestimmen zu dürfen.

Niedrige Haltung beim Fangspiel mit anderem Hund + Schwanz steif + Kopf geduckt + Lefzen gespannt, Maul geschlossen = Der Jagdtrieb geht mit dem Hund durch. Lenken Sie ihn ab.

KAPITEL 9: IHR HUND UND SIE

Beschäftigungsmöglichkeiten gibt es viele, seien es Apportieren im Garten oder strukturierte Tätigkeiten, die aufs Suchen oder Beweglichkeit abzielen. Diejenigen in diesem Kapitel vermitteln einen Eindruck davon, wie gut Ihr Hund auf Sie eingestellt, wie clever und wie lernfähig er in bestimmten Bereichen ist. Sein Gehirn wird dabei auch ein wenig beansprucht, aber vergessen Sie nicht, dass das Ganze sowohl Ihnen als auch ihm Spaß machen soll. Es geht nicht um „richtig" oder „falsch", also gehen Sie zu einer anderen Übung über, falls er sich nicht für diese oder jene begeistert. Die nächsten Seiten decken verschiedene Fähigkeiten ab, die sich umso besser antrainieren lassen, wenn man Belohnungen anbietet oder die Pausen mit kurzen Spielen auflockert.

VORBEMERKUNGEN

Mit der Zahl der Studien über Hundekognition ist unter Laien das Interesse daran gestiegen, die Fertigkeiten ihrer Tiere zu testen. Falls Sie sich auf die immer gleichen Spiele versteift haben, erhalten Sie nun Anregungen dafür, Ihren Liebling wieder genauer zu beobachten. Dabei frischen Sie Ihr Wissen über sein Verhalten in verschiedenen Situationen auf, und ungeachtet der Frage, ob er die Aktivitäten erfolgreich bewältigt oder nicht: Loben Sie ihn allein schon dafür, dass er mitmacht. Je größer Ihr Enthusiasmus ist, desto mehr davon färbt auf ihn ab.

SCHON GEWUSST?

Obwohl Hunde weit weniger eng mit Menschen verwandt sind als Großaffen, haben sie nach jahrtausendelangem Zusammenleben ein besseres Verständnis unserer Körpersprache, Gesten und Denkweisen entwickelt als unsere nächsten genetischen Verwandten, die Schimpansen.

SIND HUNDE MIT SICH SELBST ZUFRIEDEN?

Sie kennen das Gefühl, auf sich stolz zu sein, nachdem Sie etwas Schwieriges gelernt oder ein Problem gelöst haben, doch geht es Ihrem Hund genauso, wenn er sich etwas für ihn Neues aneignet? Schwedische Forscher stellten Tieren sechs teilweise recht komplexe Aufgaben und fanden heraus, dass sie bei Erfolg so etwas wie einen angenehmen Moment der Erleuchtung erlebten. Solche, die beliebig belohnt wurden, reagierten weniger intensiv als jene, die sich anstrengten, um die jeweilige Leistung zu erbringen, und erst dann Lob erfuhren. Achten Sie auf Zeichen dafür, dass sich Ihr Hund darüber freut, wie klug er gerade gewesen ist.

ABWECHSLUNG IST TRUMPF

Wiederholen Sie Übungen nicht zu lange, verändern Sie die Reihenfolge der Schritte und suchen Sie unterschiedliche Orte dafür aus. Ein schneller Spaziergang im Park macht den Kopf Ihres Hundes wieder frei, bauen Sie einen Test in ein Spiel ein oder unterbrechen Sie einmal dafür, während Sie ihn kämmen. Er wird umso mehr zu schätzen wissen, wenn es spannend bleibt und Sie ihn gelegentlich mit Unvorhergesehenem überraschen.

DENKEN SIE DARAN ...

Wenn Sie an etwas Neuem arbeiten, lohnt es sich, Folgendes zu berücksichtigen:

• Bleibt Ihr Hund teilnahmslos, nachdem Sie ihm mehrmals eine Aktivität angeboten haben, bestehen Sie nicht weiter darauf. Lassen Sie ihn, und versuchen Sie es später wieder.

• Achten Sie darauf, dass Sie ihn mit kleinen, aber begehrten Leckereien belohnen – etwas, das er innig liebt. Käse oder Hühnerfleischhappen sind oft genau richtig.

• Halten Sie es kurz und unterhaltsam. Ungefähr zehn Minuten Spielen oder Üben täglich genügen völlig und erhalten die Begeisterung des Hundes eher aufrecht als eine sehr lange Trainingseinheit pro Woche.

EINS, ZWEI, DREI – GÄHNEN

Gähnt ein Mensch – vor allem, wenn er müde ist wie kurz vor Feierabend bei der Arbeit oder in einem stickigen Zimmer –, scheint er andere damit anzustecken. Wie jedoch sieht es bei Hunden aus? Tun sie es uns nach, wenn wir den Mund unweigerlich weit aufreißen müssen? Mit dem folgenden Kniff können Sie auf die denkbar simpelste Weise überprüfen, wie empathisch Ihr Tier ist.

Versuchen Sie das zu einer ruhigen Tageszeit, wenn der Hund nicht herumtollt. Sie brauchen nur einen Stuhl und eine Stoppuhr.

1. Setzen Sie sich zum Hund und gähnen Sie übertrieben geräuschvoll.

2. Gähnen Sie mit Blick auf den Hund alle 10 s für 1 min.

60 s

3. Stellen Sie nun einen Zeitmesser so ein, dass er nach 2 min Alarm schlägt. Gähnt Ihr Hund, ehe das Signal erklingt?

x2

WIE HAT ER SICH VERHALTEN?

- Gähnte er innerhalb der ersten Minute, während auch Sie noch gähnten, zeigt er ungewöhnlich viel Empathie.

- Gähnte er in den folgenden zwei Minuten, nachdem Sie aufgehört hatten, hat er eine starke Bindung zu Ihnen.

- Gähnte er gar nicht, gehört er zur eigensinnigen Sorte. Nicht dass Sie beide einander nicht nahestehen würde, doch er beobachtet Sie schlicht weniger genau.

SCHON GEWUSST?

Unterschätzen Sie nie, wie Ihr Hund nach sichtbaren Hinweisen auf Ihre Gedanken sucht. Der „sechste Sinn", der ihm oft nachgesagt wird, lässt sich einigen Verhaltensforschern zufolge dadurch erklären, dass unsere Hunde uns viel häufiger betrachten als umgekehrt. Indem sie uns ständig aufmerksam beobachten, wollen sie unser Handeln voraussehen.

WO KEIN KLÄGER …

Will Ihr Hund es Ihnen immer recht machen, oder spielt er mit, solange Sie ihn beobachten, und versucht auf diese oder jene Art, sich einen Vorteil zu verschaffen, sobald Sie wegschauen? Dieses Spiel zeigt, ob er eine Leckerei auch trotz Verboten nehmen würde und die Beobachtung einen Einfluss auf seine Entscheidung hat.

Sie brauchen eine zweite Person, eine Stoppuhr und mehrere Leckerlis.

1. Lassen Sie den Hund locker von einer anderen Person an der Leine halten und fordern Sie ihn zum Sitzen auf. Nehmen Sie 3 m Abstand.

2. Legen Sie eine Leckerei auf halbem Weg zum Hund ab. Schauen Sie ihn an, indem Sie verbindlich „Nein" sagen (oder ein anderes Wort, das er mit dem Befehl verbindet).

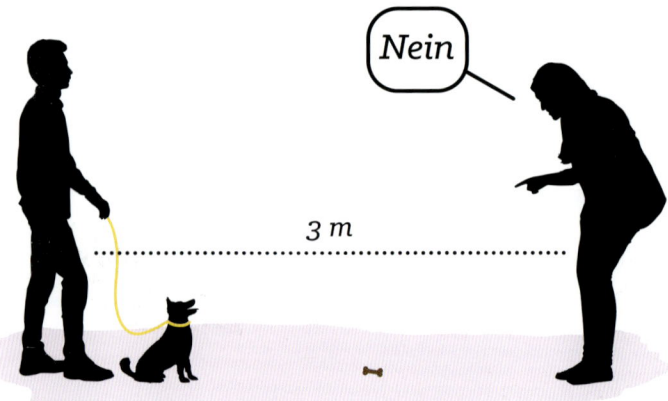

3. Wenn Ihr Helfer die Leine loslässt, starten Sie eine Stoppuhr.

4. Halten Sie die Hände vor Ihre Augen (beobachten Sie zwischen den Fingern hindurch, was geschieht).

5. Sobald der Hund zum Fressen der Leckerei losläuft, wird die Stoppuhr angehalten.

Stopp

6. Falls der Hund nach gestoppten 30 s nicht gefressen hat, nehmen Sie die Hände herunter und geben Sie ihm die Leckerei.

Wiederholen Sie das Spiel drei-, viermal, um herauszufinden, ob Ihr Hund die Leckerei immer nimmt, auf Erlaubnis wartet oder unterschiedlich reagiert.

WIE HAT ER SICH VERHALTEN?

• Nahm er die Leckerei, kurz nachdem Sie sich die Augen zugehalten hatten, heißt das, er wird eigenständig handeln, wenn er sich unbeobachtet glaubt.

• Wartete er darauf, dass Sie ihn los und fressen ließen, so ist er kooperativ und orientiert sich an Ihren Befehlen. (Sie werden feststellen, dass sich selbst eine halbe Minute lang anfühlt, wenn alle still verharren.)

WENIGER ODER MEHR?

Hat Ihr Tier ein Verständnis für zählbare Mengen, und kann es entscheiden, für eine Belohnung weniger Leckerlis zu fressen, während man ihm auch mehr anbietet? Der folgende Test gibt Aufschluss. Sie brauchen dazu eine gute Handvoll kleiner Hundekuchen. Es geht darum, es zwischen verschieden großen Mengen wählen zu lassen, die sich zuerst deutlich voneinander unterscheiden und einander dann, während es sich an das Prinzip gewöhnt, langsam angeglichen werden.

1. Nehmen Sie zehn Hundekuchen in eine und drei in die andere Hand (aber so, dass Ihr Hund nicht sieht, was Sie tun). Halten Sie die Hände geschlossen.

2. Befehlen Sie dem Hund, sich zu setzen, knien Sie etwa 1 m vor ihm nieder. Strecken Sie die Hände nach vorn aus, drehen und öffnen Sie sie.

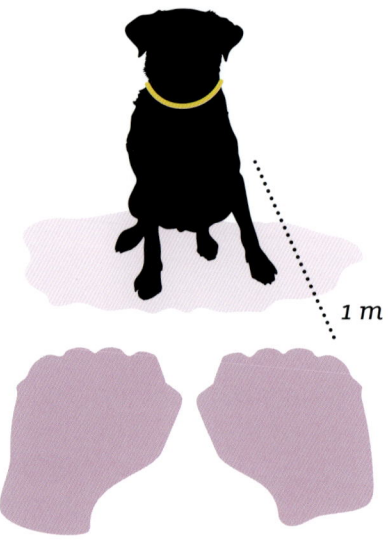

3. Lassen Sie den Hund näherkommen, sagen Sie „Weniger". Will er die drei Leckereien, erlauben Sie es und wiederholen „Weniger". Sagen Sie „Nein", falls er die zehn will, schließen Sie die Hände. Lassen Sie ihn Sitz machen, dann wieder von vorn.

4. Wählt er die drei Kuchen, lassen Sie ihn diese und dann auch die zehn fressen.

Sagen Sie nur „Weniger" oder „Nein". Lassen Sie ihm Zeit zum Denken, damit er sich die Kommandos ohne Ablenkung einprägt.

Die meisten Hunde verstehen nach ein paar Wiederholungen, dass sie alle Kuchen bekommen, wenn sie die drei wählen, und keine, wenn sie die zehn wählen. Nehmen Sie die beiden Mengen jeweils in die andere Hand, damit sich Ihr Hund beim Entscheiden nicht an der linken oder rechten orientiert.

WIE HAT ER SICH VERHALTEN?

- Lernte er „weniger" während acht bis zehn Wiederholungen, verringern Sie den Unterschied zwischen der Anzahl der Kuchen in Ihren Händen (statt zehn und drei etwa acht und fünf, dann sechs und vier). Je kleiner die Differenz, desto schwerer wird ihm die richtige Entscheidung fallen.

- Hatte er eindeutige Probleme, die „Weniger"-Hand zu erkennen, erleichtern Sie es ihm, indem Sie die andere als Hinweis auf die richtige Wahl etwas länger geschlossen halten.

- Lernt Ihr Hund so gut, dass er zwischen sechs und vier Kuchen entscheiden kann, ist er sehr klug. Nun hören Sie aber besser auf, sonst platzt er vor Stolz!

DAS VERWIRRSPIEL

Hierbei handelt es sich um eine Variante des alten Tricks, bei dem unter einem von drei Bechern ein Ball versteckt wird, ehe man sie schnell verrückt und jemand erraten soll, wo sich der Ball verbirgt. Im Grunde wird das Ganze mit Leckereien gemacht, die das Tier finden soll, und ist nicht sonderlich kompliziert, doch zuerst führen Sie es buchstäblich an der Nase herum; sieht es also weniger gut, könnte ihm das Finden schwerer fallen. Gelingt es ihm mühelos, ist es leicht, den Hund mit wenig Aufwand weiter zu fordern, sodass er sich etwas stärker ins Zeug legt.

Sie brauchen drei halb durchsichtige Plastikbecher, die er gut umstoßen kann, und eine Handvoll kleiner Hundekuchen, die er gern frisst. Reiben Sie damit an den Innen- und Außenseiten der Becher, damit er den richtigen nicht gleich am Geruch erkennt.

Bleiben Sie geduldig, und sehen Sie zu, dass er jeden Schritt begreift. Er muss seine Belohnung stets finden, bevor Sie zur nächsten Stufe übergehen.

1. Zeigen Sie dem Hund, wie Sie eine Leckerei unter einen Becher legen. Heben Sie den Becher, lassen Sie ihn fressen. Wiederholen Sie das, bis er begreift, dass er nach dem Heben eine Belohnung erhält.

2. Zeigen Sie, wie Sie eine Leckerei unter einen von mehreren Bechern legen. Der Hund darf kommen, ihn aber nicht umstoßen. Wenn er die Leckerei erschnuppert, heben Sie den Becher und lassen Sie ihn fressen. Wiederholen Sie das mit jeweils anderem Becher. Nach mehreren Durchläufen wird der Hund die Leckerei sofort finden.

3. Wenn er die Leckerei meistens aufspürt, vertauschen Sie die Becher untereinander, bevor Sie ihn kommen lassen. Hunde tun sich schwer, den richtigen Becher zu bestimmen, selbst wenn sie den Vorgang beobachten. Sparen Sie nicht mit Lob und geben Sie Ihrem Hund die Leckerei, wenn es ihm gelingt.

WIE HAT ER SICH VERHALTEN?

- Führte er Stufe 1 begeistert aus und bewältigte auch 2, ohne selbst nach vielen Versuchen die richtigen Becher zu bestimmen, ist er wohl kein Meister der Herleitung. Versuchen Sie Stufe 2 weiter, und warten Sie eine Weile mit 3.

- Schaffte er es mühelos bis zu Stufe 3 und fand die Leckerei dann nur, wenn Sie die Becher demonstrativ langsam um eine Stelle vertauschten, ist er gut, aber nicht überragend.

- Gelangte er zu Stufe 3 und fand die Leckerei selbst dann, wenn Sie die Becher mehrmals schnell vertauschten, ist er ein Naturtalent in diesem Spiel. Machen Sie es noch komplexer, denn dieser Hund lässt sich nicht so schnell täuschen.

ZEIGEN UND AUFSCHNAPPEN

Experten für Hundeverhalten messen dem Verständnis von Zeigegesten seitens Menschen eine bedeutende Rolle zu. Im Allgemeinen „lesen" Tiere solche bewussten Bewegungen anderer Spezies nicht – geschweige denn, dass sie ihr weiteres Benehmen danach ausrichten. Ob Ihr Hund versteht, wenn Sie irgendwohin zeigen, ist insofern wichtig, als es beweist, dass er mit Ihnen kooperiert und im Bedarfsfall ein Teamspieler wäre.

Für dieses Spiel brauchen Sie einen Helfer und eine Handvoll Leckereien, von denen Ihr Hund sehr viele fressen dürfte, weshalb sie klein sein sollten.

1. Lassen Sie den Hund von jemandem halten und nehmen Sie etwa 3 m Abstand.

2. Legen Sie je einen Hundekuchen links und rechts vor sich. Stellen Sie sich dazwischen und zeigen Sie auf einen.

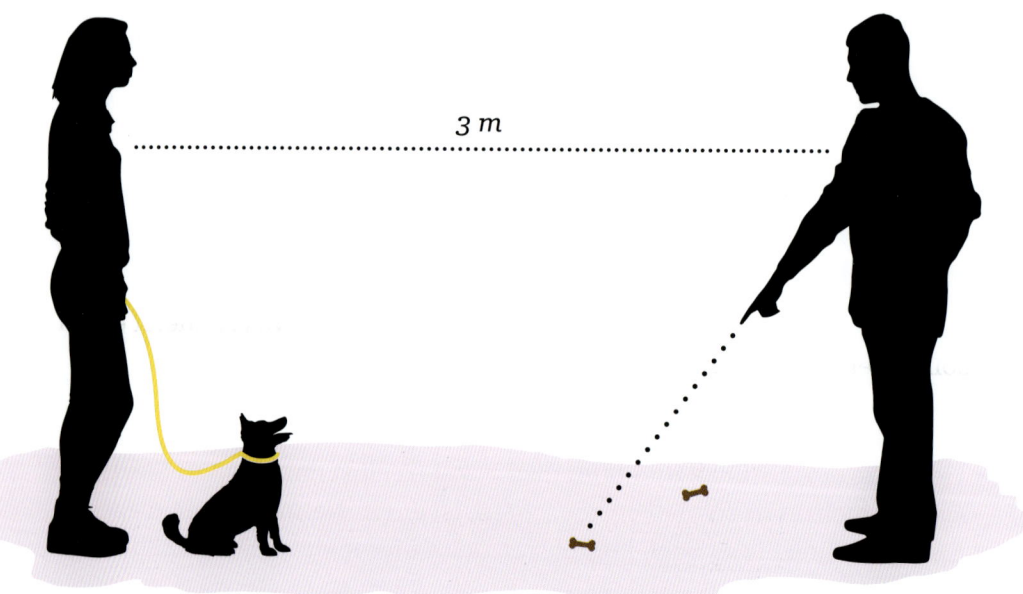

3 m

3. Die Hilfsperson soll den Hund loslassen. Falls er einen Befehl dazu kennt, kann dieser dabei erteilt werden.

OK

x 10

4. Merken Sie sich, ob er zuerst den gezeigten oder den anderen Kuchen frisst. Er soll beides dürfen, wichtig ist die Reihenfolge.

Wiederholen Sie die Übung zehnmal und merken Sie sich stets, welchen Kuchen Ihr Hund zuerst nimmt. Bewerten Sie ihn am Ende.

WIE HAT ER SICH VERHALTEN?

- Ging er zu der Leckerei, auf die Sie meistens zeigten, arbeitet er gern mit Ihnen zusammen und löst „Probleme" (hier die Frage, was er zuerst essen soll) bereitwillig gemeinsam.

- Ging er tendenziell zu der Leckerei, auf die Sie nicht zeigten, handelt es sich um ein eher unabhängig denkendes Tier, das von Natur aus selbstständiger ist.

- Wirkten seine Entscheidungen willkürlich, könnte Ihr Hund einfach nicht gelernt haben, was es bedeutet, wenn Sie auf etwas zeigen (nicht alle tun dies), oder nichts Besonderes in der Geste sehen.

HEISS ODER KALT?

Diese Übung ist auf Beständigkeit, Geduld und eine enge Beziehung mit ihrem Tier angelegt. Sie regt es zu selbständigem Denken und Probieren an, wobei es allmählich herleitet, was Sie von ihm verlangen; Sie prägen folglich sein Verhalten, und viele Trainer berufen sich auf diese Methode. Ihr Tonfall sollte „heiß" und „kalt" Bedeutung verleihen, denn für sich genommen sagen die Wörter dem Hund nichts. Er muss lernen, was sie suggerieren.

Legen Sie sich vorab auf eine Aufgabe fest. Falls sein Lieblingsplüschtier irgendwo herumliegt, lassen Sie es ihn apportieren, allerdings nicht mit einer Aufforderung, sondern mit den zwei erwähnten Begriffen und Belohnungen: Letztere werden mit „heiß" verknüpft, wenn sich abzeichnet, dass er Ihre Absicht durchschaut.

Legen Sie das Spielzeug mit einem Häuflein Leckereien in die Mitte eines Zimmers, während das Tier zugegen ist. Am besten setzen Sie sich, bevor Sie Anweisungen geben, sodass es nicht auf Körpersignale reagiert, sondern nur auf Ihre Stimme. Schlagen Sie einen verbindlichen, aber freundlichen Tonfall für „heiß" und einen tieferen, neutralen für „kalt" an.

• •

1. Beobachten Sie genau. Wenn Ihr Hund nur einen oder zwei Schritte auf das Spielzeug zugeht, sagen Sie „Heiß" und werfen Sie ihm eine Leckerei zu.

2. Zieht er sich vom Spielzeug zurück, sagen Sie in ruhigem Ton „Kalt". Keine Leckerei. Nähert er sich weiter, wiederholen Sie „Heiß" und belohnen ihn erneut.

3. Fahren Sie so fort und achten Sie darauf, wohin er tendiert, während Sie mit „Heiß" und „Kalt" reagieren. Schlaue Hunde begreifen das Prinzip verblüffend schnell und probieren aus, wie sie mehr Leckereien bekommen. Sie können die Wörter verbindlicher aussprechen, je weiter er sich dem Spielzeug nähert.

Heiß!

4. Wenn er das Spielzeug findet und aufschnappt, sagen Sie begeistert „Heiß" und geben ihm eine zusätzliche Leckerei.

Falls der Hund direkt zu Ihnen kommt und mehr Leckereien will, verschränken Sie die Arme und ignorieren Sie ihn. Er wird rasch verstehen, dass er so keine Belohnung erhält.

WIE HAT ER SICH VERHALTEN?

- Schaute er sich um und dann auf Sie, während er sichtlich mit mehr Leckereien rechnete, obwohl er die erwünschte Leistung nicht ohne Mühe erbrachte, wiederholen Sie die Übung. Gelingt es ihm, können Sie mehr Abwechslung ins Spiel bringen.

- Falls Sie ihn eindeutig überforderten (das kann passieren), versuchen Sie es an einem anderen Tag wieder. Drängen Sie ihn aber nicht, falls es ihn frustriert und er nicht versteht, was Sie wollen.

SUCH DAS SPIELZEUG

Dieses altbekannte Spiel kommt nicht nur dem Suchtrieb des Hundes entgegen, sondern regt ihn auch zum Unterscheiden von Gegenständen und Auswählen mittels Schlussfolgerungen an. Die einen lernen so etwas über Benennung, die anderen tun sich schwer damit, Aktion von Objekt zu trennen und Spielzeuge auseinanderzuhalten. Zu welcher Kategorie Ihrer gehört, erfahren Sie wahrscheinlich relativ schnell. Falls es ihm von Natur aus leichtfällt – großartig; dann können Sie sich mit dieser Übung beide zu jeder Gelegenheit die Zeit vertreiben.

Sollten dem Tier aber schon zwei Objekte Probleme bereiten, liegt ihm das Spiel möglicherweise nicht. Versuchen Sie es zwei- bis dreimal, und brechen Sie ab, falls es nicht darauf anspringt. Studien zufolge ist das Bestehen dieses Tests eine Frage von Begabung, und Sie möchten den Hund nicht in dem Maß verärgern, dass er nicht mehr mit Ihnen spielen oder überhaupt interagieren will.

Sie brauchen Spielsachen, mit denen er sich oft befasst. Es gibt kein Zeitlimit; bereitet ihm das Verinnerlichen Spaß, machen Sie es zu einer täglichen Gewohnheit. Sie sollten sichergehen, dass er ein Wort wirklich fest mit einem Gegenstand verbindet, ehe Sie den nächsten einbringen. Eventuell kennt er seine bevorzugten Spielzeuge schon namentlich, weil Sie häufiger darauf zurückgreifen, als Ihnen bewusst ist.

1. Beschäftigen Sie den Hund mit seinem Lieblingsspielzeug, indem Sie es benennen und den Begriff betont aussprechen. Falls es ein Plüschbär ist, sagen Sie etwa „Hol den Bär".

Hol den Bär!

2. Wiederholen Sie das in kurzen Abständen, bis er das Spielzeug mit dem Begriff verbindet.

3. „Verstecken" Sie das Spielzeug, sodass er es sieht, vielleicht hinter einem Sessel. Befehlen Sie nun „Such den Bär!" Falls er es nicht sofort tut, helfen Sie ihm dabei. Wiederholen Sie auch diesen Vorgang, bis er ihn begreift und es allein schafft.

Such den Bär!

Hol den Ball!

4. Wenn er das Spielzeug stets souverän findet, wählen Sie ein anderes. Der Ablauf bleibt gleich, bloß dass es jetzt ein Ball sein könnte.

Such den Bär!

5. Wenn er beide Begriffe kennt, legen Sie die Spielzeuge nebeneinander ab, gehen Sie mit ihm darauf zu und befehlen Sie, eines zu „finden". Loben Sie ihn ausgiebig, falls es ihm gleich gelingt. Nimmt er das falsche Spielzeug, sagen Sie „Nein", legen es wieder hin und wiederholen das Ganze.

6. Wenn er routiniert das richtige Spielzeug aufschnappt, fügen Sie ein drittes hinzu und führen noch einmal alle Schritte durch. Machen Sie zwischendurch beim Spiel mit allen dreien Stichproben, damit er den neuen Begriff verinnerlicht.

7. Trifft er bei drei Spielzeugen immer die richtige Wahl, ist sein Vokabular ausbaufähig. Sie können ihm mehr neue Begriffe beibringen.

WIE HAT ER SICH VERHALTEN?

• Hat er nach einiger Zeit gelernt, drei oder mehr Wörter zu unterscheiden, ist er hochbegabt, und Sie können weitere einführen.

• Falls er das erste Wort lernt und dann ins Stocken gerät, nehmen Sie sich mehr Zeit mit dem zweiten. Spielen Sie eine Weile mit beiden gesondert, damit er sie sich einprägt, bevor Sie sie zusammen verwenden und ihn apportieren lassen.

• Ist er nach zwei, drei kurzen Übungseinheiten verärgert und verwirrt von dem, was Sie von ihm wollen, spielen Sie etwas anderes. Dieses Spiel eignet sich laut Forschung nicht für jeden Hund.

GEWIEFTES KERLCHEN

Diese Probe, die auf einem Projekt der Universität Zürich basiert, ist besonders knifflig. Umso faszinierender werden Sie es finden, wie der Hund sich verhält. Begreift er die Notwendigkeit, List anzuwenden, um möglichst viele Leckereien zu bekommen?

Marianne Heberlein, die hinter dem Experiment steckt, beobachtete zwei Haushunde, die einander täuschten, um etwas zu erlangen, das sie beide wollten. Einer trat beispielsweise an ein Fenster und gab vor, draußen etwas Aufregendes zu sehen, und lief dann zu dem Platz im Sonnenlicht des anderen, sobald dieser aufstand, um ebenfalls hinauszuschauen. Sie fragte sich, ob dieses Verhalten auch im Umgang mit Menschen auftritt, und baute den Versuch dementsprechend auf.

Wir haben ihn hier zwar vereinfacht, aber er ist immer noch etwas aufwendiger und dauert mehrere Tage, weshalb er sich für einen Urlaub anbietet, wenn Sie genug Zeit haben. Sie brauchen zwei zusätzliche Personen (Ihrerseits treten Sie in der Endphase ins Bild, sind also in den ersten vier Tagen, während Ihr Hund „Gut" und „Böse" kennenlernt, idealerweise nicht anwesend) und Leckerbissen mit für das Tier jeweils höherem oder geringerem Wert.

· ·

TAG 1 & 2

Ihre Helfer sollen sich täglich mehrmals mit dem Hund beschäftigen. Einer zeigt und gibt ihm gelegentlich eine besondere Leckerei, der andere zeigt sie nur und steckt sie dann ein.

Person 1   *Person 2*

TAG 3 & 4

Dieselben Helfer führen den Hund wiederholt zu unterschiedlichen Zeiten zu einem Behälter, in dem er eine Leckerei sehen kann. Wieder gibt einer sie ihm, der andere steckt sie ein. Nach vier Tagen erkennen die meisten Hunde die erste Person als „den Guten" und die zweite als enttäuschenden „Bösen" – den Konkurrenten im Fachjargon.

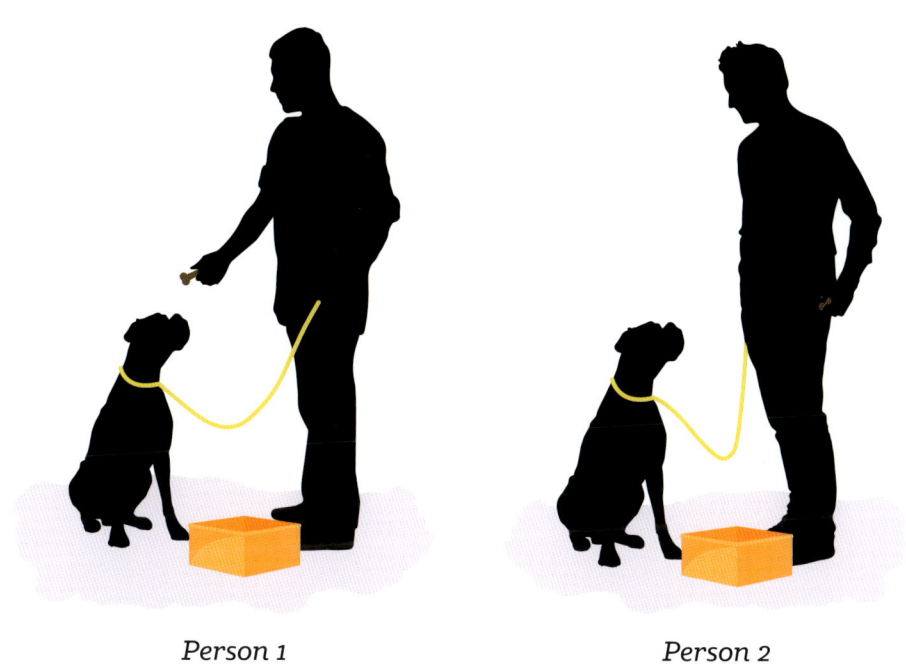

Person 1   Person 2

TAG 5 & 6

1. Stellen Sie drei einsehbare Behälter auf, einen leeren sowie je einen mit besonderer Leckerei bzw. einfachem Hundekuchen.

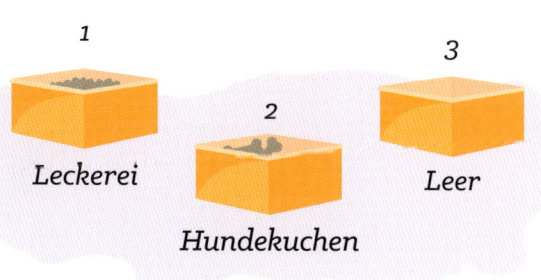

1 Leckerei

2 Hundekuchen

3 Leer

2. Die zwei Personen sollen den Hund mehrmals täglich zu den Behältern führen. Der erste, an dem er schnuppert, wird geöffnet. Mit Gewohnheit wird er anfangen, von sich aus vorauszugehen, weil er mit Belohnung rechnet. Wie üblich bekommt er den jeweiligen Inhalt (Leckerei oder Kuchen) von der ersten Person, die zweite steckt ihn ein. Schnuppert er am leeren Behälter, bekommt er nichts.

Person 1

3. Nach jedem Test treten Sie wieder ein. Die beiden gehen hinaus, Sie begleiten den Hund zu den Behältern und nehmen denjenigen, an dem er zuerst schnuppert. Falls er nicht leer ist, bekommt der Hund den Inhalt von Ihnen.

Wiederholen Sie das zehn- bis zwölfmal und merken Sie sich, welche Behälter er beschnuppert.

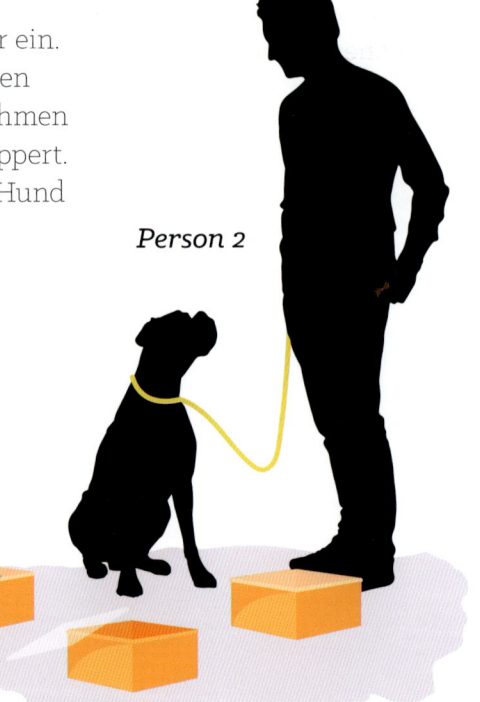

Person 2

WIE HAT ER SICH VERHALTEN?

In Heberleins Versuch schienen die Hunde zu begreifen, dass sie von Person 2 nie aus einem Behälter mit Inhalt zu fressen bekamen, von Person 1 hingegen schon. Zudem wussten sie, dass ihr Besitzer sie fütterte, wenn sie ihn zu einem Behälter mit Inhalt führten.

Die Ergebnisse zeigten, dass ein Teil der Hunde gelernt hatte, erfahrungsgemäß zu handeln. Sie führten die „böse" Person 2 häufiger zu dem leeren Behälter, weil sie so keine Chance verschenkten, die beiden Belohnungen zu erhalten, und Person 1 öfter zu der besonderen Leckerei. Nach deren Verzehr führten sie ihren Besitzer im zweiten Schritt der Übung zu dem normalen Kuchen, den sie auch bekommen würden, wie sie wussten.

- Zählen Sie, wie oft Ihr Hund Person 2 an den Tagen 5 und 6 zu dem leeren Behälter und Person 1 zu der Leckerei führte. Rechnen Sie hinzu, wie oft er Sie im zweiten Schritt der Übung zum dritten Behälter mit dem Kuchen führte.

- Führte er an den Tagen 5 und 6 die „böse" Person 2 immer häufiger zum leeren Behälter und die „gute" Person 1 und Sie, sein Herrchen, entsprechend immer häufiger zum Behälter mit Leckereien, dann haben Sie einen pfiffigen Vierbeiner, der aus Erfahrung gelernt hat, dass es ihm nutzt, sich ein wenig „raffiniert" anzustellen.

Nicht jeder Hund wird verstehen, wie er diese Übung zu seinem Vorteil nutzen kann, doch falls Ihrer es tut, zeichnet er sich zweifelsohne durch eine überdurchschnittliche Auffassungsgabe (oder Gerissenheit!) aus.

UMGANG MIT WIDERSPENSTIGEN TIEREN

Was tun, wenn Ihr Hund keine Lust darauf hat, mit Ihnen aktiv zu werden? Nicht alle lassen sich einfach so zu neuen oder anspruchsvolleren Spiele bewegen, was verschiedene Gründe hat. Lesen Sie weiter, um zu erfahren, wie Sie ihm Laune machen können. Dass Lernen in fortgeschrittenem Alter unmöglich wird, stimmt nicht, doch ein in die Jahre gekommener Hund überschlägt sich vielleicht nicht unbedingt vor Eifer, wenn es um vertrackte Tätigkeiten geht, es sei denn, er erachtet sie als lohnenswert.

Hier also unsere Tipps bei störrischen Fällen:

• Beschränken Sie Übungen auf fünf oder weniger Minuten. Das erscheint arg kurz, ist aber eine lange Konzentrationszeit für Hunde.

• Würdigen Sie kleine Fortschritte und helfen Sie bei Schwierigkeiten. Während des Spiels mit den Bechern können Sie etwa auf den richtigen klopfen, um einen Hinweis zu geben.

• Vermeiden Sie fordernde Aufgaben, wenn Ihr Tier müde ist. Kurz nach einem langen Spaziergang dürfte es wenig bringen.

- Kombinieren Sie schwerpunktmäßig Vertrautes mit dem Ungewohnten. Liebt ein älteres Tier Apportieren, spielen Sie es eine Weile, probieren Sie dann die simplen ersten Schritte der Suchübung und schließen Sie mit neuerlichem Apportieren ab.

- Am Ende eines kurzen Spiels und Tests sollte etwas stehen, das der Hund beherrscht. Ein schlichtes „Sitz" genügt schon als positiver Ausklang und lässt ihn beim nächsten Mal bereitwilliger mitmachen.

BEI AUFMERKSAMKEITS-SCHWÄCHE

Sollten Sie im Gegenteil vor dem Problem stehen, einen quirligen Hund zu haben, der einfach keinen Fokus oder Ruhe zum Überlegen findet, müssen Sie andere Register ziehen, damit er sich beruhigt.

- Nehmen Sie ihn mit auf einen langen Spaziergang, bevor Sie ihn geistig fordern. Nachdem er sich verausgabt hat, könnte es besser funktionieren.

- Wechseln Sie „Kopfarbeit" mit körperlichen Aktivitäten ab, beispielsweise Tauziehen während der Pausen.

- Sorgen Sie dafür, dass er gut auf den „Sitz"-Befehl hört, um ihn zum Innehalten zu bringen, falls er sich in etwas hineinzusteigern droht.

- Reden Sie sanft auf ihn ein und bewegen Sie sich langsam, wenn Sie ihn nicht motivieren möchten. Eine tiefe Stimme hilft dabei.

 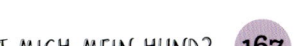

KAPITEL 10: FREUNDSCHAFT VERTIEFEN

Sie wissen jetzt einiges darüber, wie der Hund die Welt sieht, also ist es an der Zeit, neue Impulse für Ihr Zusammenleben zu finden. Ob Sie ihm Fährten mit Leckereien vorgeben, das Massieren lernen oder einfach andere Möglichkeiten der Zerstreuung improvisieren: Mit Fantasie fällt Ihnen etwas ein, wovon Sie beide profitieren.

SPURENLEGEN

Haben Sie jede erdenkliche Art von Suchspiel abgehakt? Hier kommt eine etwas schwierigere, bei der Sie nach und nach weniger Hinweise geben (Beispiel: kleinere oder nicht stark duftende Hundekuchen), sodass die Nase umso mehr gefragt ist, damit eine Belohnung herausspringt. Einige Schulen bieten gezielten Unterricht im Wittern an, der darauf hinausläuft, den Ursprung eines mitunter sehr schwachen und sorgfältig verborgenen Geruchs zu verorten.

Zuhause klappt das so: Ein Durchlauf sollte ungefähr 15 Minuten dauern. Vermutlich findet Ihr Hund die Leckerei schneller, doch mit abnehmender Intensität des Aromas dürfte sich die Zeit erhöhen, die er braucht.

Lassen Sie sich nicht anmerken, wo Sie sein Fressen versteckt haben. Das geschieht manchmal versehentlich durch Blicke auf die jeweilige Stelle oder indem man sich in die entsprechende Richtung neigt, weil Hunde unsere Körpersprache meisterhaft „übersetzen". Unterläuft Ihnen der Fehler ständig, heben Sie den Schwierigkeitsgrad an, indem Sie jemand anderen bitten, die Happen in einem Zimmer zu hinterlegen, bevor Sie eintreten. Verwenden Sie erbsengroße Geflügel- oder Käsestücke.

Der Hund bleibt vor der Tür, während Sie zehn Leckereien verteilen, Sie sollten unterschiedlich hoch liegen und nur zu Anfang relativ leicht zugänglich sein. Nachdem Sie ihn hereingelassen haben, zeigen Sie ihm das erste und falls nötig auch das zweite Versteck. Danach warten Sie und zählen mit, bis er die restlichen alle allein entdeckt hat. Damit Sie ihm nicht unwillkürlich helfen, setzen Sie sich und verfolgen Sie seine Suche nicht mit. Gibt er frühzeitig auf, spornen Sie ihn mit ermutigender Stimme an, doch nach den ersten beiden Happen sollte er auf sich gestellt bleiben.

Üben Sie das über mehrere Tage hinweg auf stets exakt die gleiche Weise mit ihm, bloß unter zunehmend strengeren Zeitvorgaben mit kleineren Belohnungen an Stellen, die weniger leicht erreichbar sind.

Im besten Fall spürt Ihr Hund in Papier gewickelte, sehr gut verborgene Stücke auf. Dadurch, dass Sie die Suche schrittweise schwieriger machen, zwingen Sie ihn, sich stärker auf seine Nase zu verlassen.

SCHON GEWUSST?

Hunde haben einen außerordentlichen Geruchssinn, doch Forscher stellten fest, dass sich solche, die in der visuell geprägten Umgebung von Menschen leben, zusehends weniger auf ihre Nasen verlassen. Mit Geruchsspielen halten Sie das wichtigste Organ Ihres Lieblings fit.

HINTERHOF-WORKOUT: FITNESS FÜR ZUHAUSE

Die meisten Halter haben keinen Platz für (oder Lust auf) einen vollständigen Agility-Parcours im Garten, was sie aber nicht von Bewegungsspielen mit selbstgebauten Alternativen abhalten muss. Stellt sich heraus, dass sich Ihr Tier gern von Ihnen durch die Stationen führen lässt, treten Sie doch einem Hundesportclub in Ihrer Nähe bei, der über die komplette Ausstattung verfügt, um ihn in einer Gruppe anderer williger Vierbeiner zu trainieren.

Nehmen Sie diese vier Übungen einzeln in Angriff, und lassen Sie den Hund

- im Zickzack zwischen Kegeln oder Stangen durchlaufen.

- einen Tunnel aus leichtem Nylon passieren.

- auf Kommando an einer vorgegebenen Stelle stehenbleiben oder Sitz machen (dazu gibt es auf einem Parcours den sogenannten Tisch).

- mehrere Hürden in angemessener Höhe nehmen.

Abgesehen von dem Tunnel und einer Markierung für den Punkt, wo er innehalten soll (eine kleine Matte reicht), benötigen Sie ein Dutzend günstige Kunststoffkegel (wie im Straßenverkehr, aber kleiner und leichter), die für Agility mit Seitenlöchern zum Durchstecken von Sprungstangen verkauft werden.

Einige Hunde haben eine natürliche Begabung für diesen Sport; sie schauen ein-, zweimal zu, lassen sich mit Belohnungen zu den tückischeren Abschnitten locken und bewältigen sie dann tadellos. Andere muss man hingegen lange in begeistertem Tonfall mit ermunternden Worten, einer Menge Futter und vielen Wiederholungen dazu bewegen. Die meisten freuen sich, wenn man neben ihnen herläuft, selbst wenn es sich um einen leichten Parcours handelt.

SICHERHEIT GEHT VOR
Benutzen Sie nichts Schweres (Trittleitern) als Hürden und berücksichtigen Sie, ob Ihr Hund körperlich fit genug zum Spielen ist. Hindernisse sollten grundsätzlich höchstens bis an seine Schultern reichen und gänzlich ausgeschlossen werden, falls Sie ein sehr junges respektive altes Tier haben oder ein Rückenleiden bei ihm vorliegt.

SCHON GEWUSST?
Kleinwüchsige Hunde können genauso flink sein wie größere. Tic Tac aus Milwaukee im US-Bundesstaat Wisconsin wiegt nur 1,1 kg und gilt als kleinster „Agility-Hund". Bei solchen Winzlingen kommt es darauf an, dass sie ausreichend Gewicht auf die Waage bringen, um die Wippen auf dem Parcours zu bewegen.

SLALOM

Stellen Sie vier Kunststoffkegel in gleichmäßigem Abstand, sodass Ihr Hund dazwischen durchgehen kann, in einer geraden Linie auf. Er sollte wie im Agility-Unterricht üblich rechts am ersten Kegel vorbeilaufen, den zweiten links passieren und seinen Slalom so fortsetzen, wobei Sie ihn mit einer Leckerei führen, die Sie dicht über seine Nase halten. Falls Sie sie ihm auf halbem Weg geben müssen, nehmen Sie noch eine hervor und locken Sie ihn weiter.

Beschränken Sie sich nach ein paar Versuchen auf einen einzelnen Happen, den er erst am Ende des Zickzackkurses erhält. Bald dürften überhaupt keine Lockmittel mehr nötig und Worte ausreichend sein, während Sie nebenherlaufen. Wenn er so weit ist, können Sie mehr Kegel in geringerem Abstand zueinander aufstellen, damit das Tier engere Haken schlagen muss. Auf einem richtigen Parcours stehen sechs oder zwölf Stangen, doch der Ablauf bleibt gleich.

TUNNEL

Der Tunnel gehört fest zum Agility-Sport, und sein Ende ist nicht zwangsläufig zu sehen, wenn der Hund eintritt. Zu Anfang richten Sie aber am besten einen geraden Weg aus, um ihn nicht zu verunsichern, und sprechen ihm gut zu. Falls er sich dagegen sträubt, legen Sie am Eingang etwas zu Fressen in die Röhre und gehen, sobald er losläuft, zum Ausgang, um ihn dort mit einer Belohnung zu erwarten. Krümmen Sie den Tunnel erst, wenn er ungezwungen durchläuft, ohne stehenzubleiben.

TISCH

Auf dem Agility-Parcours ist der Tisch dazu gedacht, extrem aufgeregte Tiere zum Warten zu zwingen. Sie sollen sich mehrere Sekunden lang zusammen-reißen, obwohl sie es nicht möchten. Ihr Hund im heimischen Garten dürfte nicht so gehetzt sein; fordern Sie ihm zum Sitzen auf, indem Sie den Befehl langgezogen aussprechen, damit er sich beruhigt, und zählen Sie laut bis fünf, um Spannung aufzubauen, bis er wieder losstürzt.

SPRÜNGE

Verwenden Sie Kegel und Kunststoffstangen als Hürden. Da sie leichter sind, verletzt sich Ihr Hund nicht, falls er im Sprung daran hängenbleibt. Viele überwinden schulterhohe Hindernisse mühelos, doch sollte es ihm an Selbstvertrauen fehlen, beginnen Sie so niedrig wie möglich, und seien es nur wenige Zentimeter. Begleiten Sie ihn, während er sich nähert, und bringen Sie ihn falls nötig mit einer Leckerei zum Springen.

Nachdem sich Ihr Tier mit allen vier Disziplinen vertraut gemacht hat, kombinieren Sie sie mit großzügigem Abstand zwischen den Stationen zu einem einfachen Parcours. Achten Sie auf genug Platz zum Anlaufnehmen und Landen. Da der Auf- und Abbau nur ein paar Minuten dauert, sind Sie beim Anberaumen des Trainings flexibel.

BEZIEHUNGSPFLEGE: AUSGEWOGENHEIT

Routine vermittelt ein Gefühl von Sicherheit. Weil Haustiere einen hohen Stellenwert in unserem Alltag genießen, verfallen wir im Zusammenleben Gewohnheiten – ständig die gleichen Spiele, Spazierwege und selbst Futtermittel. Eine aktuelle Studie offenbart jedoch, dass Hunde, die regelmäßig im Alltag gefordert werden, nicht nur aufgeweckter sind und bewusster wahrnehmen, sondern auch im Alter munter und aktiv bleiben. So wie wir brauchen sie sowohl Abwechslung als auch Stetigkeit.

DIE ZEHNMINUTENREGEL

Zehn Minuten sind kurz, doch ein schmales Zeitfenster, um Neues einzuführen, macht tägliche Ziele leicht erreichbar, auch wenn man vielbeschäftigt ist. Der geringe Aufwand lohnt sich insoweit, als Ihr Liebling über die Jahre hin innerlich jung bleibt. Vielfalt ist entscheidend; variieren Sie die Aktivitäten während einer normalen Woche, indem Sie ihm mal einen Trick beibringen, ein andermal „Such das Leckerli" spielen oder eine Agility-Übung einschieben. Lassen Sie sich etwas einfallen: Alles kann, nichts muss. Eine Disziplin, die er besonders mag, braucht nicht täglich wiederholt zu werden. Integrieren Sie sie in seinen allgemeinen Trainings- oder Spielplan und nutzen Sie die zehn Minuten immerzu für frische Ideen.

Nachfolgend lesen Sie Vorschläge für den Anfang. Denken Sie daran, dass es um Interaktion mit dem Tier geht. Ob ein Kunststück oder Test „gelingt" oder nicht, ist nebensächlich, solange neue Gepflogenheiten reizvoll und unterhaltsam sind.

SCHON GEWUSST?

Vergessen Sie nicht, dass Lob genauso wirkungsvoll sein kann wie Leckereien. Wer seinen Hund vorwiegend mit Essbarem anspornt, vernachlässigt den anderen Aspekt. Deshalb tut man gut daran, „Belohnungen" zu variieren, indem man ausgeführte Befehle mal mit Nahrung, mal mit einem langgezogenen „braaaver Hund" quittiert. Selbst eigensinnige Tiere genießen Lob und bleiben laut Forschung geistig rege, wenn man sie immer wieder anders behandelt.

FITNESS

- Joggen Sie zu ungewohnten Zeiten gemeinsam um den Block. Kein Hund scheut zusätzlichen Ausgang, und viele freuen sich über mehr Tempo, statt am Boden schnuppernd Gassi zu gehen.

- Probieren Sie daheim im Garten aus, ob er Frisbee mag. Werfen Sie die Scheibe zunächst nicht so fest, und falls es ihm gefällt, empfehlen wir ein leichtgewichtiges Modell, das ihn auch im schnellen Flug nicht verletzt.

- Spielen Sie Fangen im Freien, wo auch immer er von der Leine gelassen werden kann. Stacheln Sie ihn einfach mit erregter Stimme an – „Achtung: eins, zwei, drei!" – und laufen Sie vor ihm weg. Das ist den meisten lieber als umgekehrt (und generell keine sehr gute Idee).

- Zum Fangen eignet sich auch ein Spielzeug an einer Leine, die sich per Knopfdruck verlängern und verkürzen lässt. Tun Sie dies abwechselnd, während Sie es mit sich ziehen, sodass er denkt, es würde sich bewegen, was besonders Hunde mit starkem Jagdtrieb anspricht. Laufen Sie los, damit sein Interesse nicht nachlässt.

- Unterhalten Sie ihn mit einem Seifenblasenset, denn nach den bunten Kugeln zu schnappen macht Laune.

KUNSTSTÜCKE

- Falls Sie einen Hula-Hoop-Reifen haben, springt Ihr Tier womöglich hindurch. Versuchen Sie zunächst, ihn dicht über dem Boden zu halten, und locken Sie es mit einer Belohnung, während sie ihn nach und nach weiter anheben.

- Bringen Sie ihm Tätigkeiten bei, die sich leicht nachahmen lassen (siehe S. 116), etwa das Umgehen eines Hindernisses. Halten Sie es simpel und warten Sie ab, wie der Hund zurechtkommt.

- Kann er Wörter unterscheiden, die ihm etwas erlauben oder verbieten, arbeiten Sie darauf hin, ihm eine Leckerei auf eine Pfote legen zu können, ohne dass er sie sofort verschlingt. Starten Sie mit einer Wartezeit von zwei Sekunden (das ist länger, als Sie glauben) und erhöhen Sie sie stetig.

SPIELEN GEHT DURCH DEN MAGEN

- Bekommt Ihr Hund Trockenfutter, verstreuen Sie einen Teil seiner Tagesportion im Gras Ihres Gartens. Nicht selten erfreut er sich daran, die Stücke einzeln zu erschnüffeln. Das schaffen auch ältere Tiere mit Arthritis.

- Füllen Sie ein Spielzeug mit Futter und lassen Sie es an einem Seil von einer Wäscheleine oder einem anderen erhöhten Befestigungspunkt herabhängen. Es sollte ohne größere Anstrengung erreichbar sein, damit sich der Hund anstrengen muss, aber nicht gleich den Rücken verrenkt.

- Lassen Sie ihn Leckereien suchen, die Sie, in Zeitungspapier geschlagen, in das Papprohr einer abgewickelten Rolle Haushaltskrepp gesteckt haben.

- Der Klassiker: Verbergen Sie Häppchen in den Aussparungen einer Backform für Törtchen unter Tennisbällen. Diese muss er dann herausnehmen, um auf seine Kosten zu kommen.

BEZIEHUNGSPFLEGE: MASSAGE

Hundemassage ist kein neuer Trend. In den letzten 20 Jahren sind Lehrgänge für Besitzer mehr oder minder gang und gäbe geworden. Ob Sie es glauben oder nicht, dass sich Massieren in erheblichem Maß vom Kraulen unterscheidet: Befürworter schwören darauf, es würde ihr Haustier sowohl entspannen als auch Schmerzen und andere Beschwerden lindern, was insbesondere bei älteren hilfreich sei.

GRUNDLAGEN

Letzten Endes kommt es darauf an, ob Ihr Hund es mag oder nicht. Probieren Sie langsam und sanft einige der oben rechts beschrieben Techniken aus – beruhigen sie ihn? Falls Sie ihn nach einer zehnminütigen Massage geradezu vom Boden hochhieven müssen, dürfen Sie ihn regelmäßig so verwöhnen; ist ihm die Berührung irgendeines Körperteils (oft sind es die Pfoten) unangenehm, versuchen Sie es an anderer Stelle.

DIE DREI HAUPTMASSAGEGRIFFE

Friktion: Beidhändiges Reiben mit leichtem Druck

Effleurage: Ausgiebiges langsames, sanftes Streichen, abwechselnd mit beiden Handflächen

Petrissage: Leichtes Kneten mit wenig Kraft und den Handballen (ohne Finger)

WO ANFANGEN?

Ihr Hund sollte schon ein bisschen müde sein – zu einer Zeit, in der er generell zur Ruhe kommt, etwa am frühen Abend. Ebene Flächen sind ein geeigneter Platz für Massagen, doch idealerweise legen Sie ihn Ihrem eigenen Rücken zuliebe ein wenig höher, beispielsweise auf eine niedrige Couch, wo er sich flach ausstrecken kann; ein Polstersessel ist noch besser, weil von allen Seiten zugänglich, aber benutzen Sie, was vorhanden ist, denn das Tier wird es Ihnen nachsehen, wenn nicht alle seine Muskeln geknetet werden.

Fordern Sie es erst zum Sitzen und dann zum Liegen auf, falls nötig mit einer Leckerei. Streicheln Sie den Hund zunächst so, wie er es mag – vielleicht auf dem Rücken oder an den Schultern –, und zwar mit geruhsamen, langen Handbewegungen. Reibung mit sanftem Druck an Schultern und Hals und weiter nach hinten entlang bietet sich an, während er sich allmählich entspannt. Machen Sie dann mit Effleurage weiter, indem Sie durchgehend und gleichmäßig über den ganzen Körper streichen. Sobald er sich sichtlich relaxt fühlt, kneten Sie seine Flanken, Oberschenkel und das Genick. Vergessen Sie nicht, lediglich den Handballen einzusetzen – nicht die Finger – und behutsam walkend kreisen zu lassen. Sollte es ihm an einer bestimmten Stelle unangenehm sein, wechseln Sie sofort zu einer anderen, wo es ihm behagt.

BEZIEHUNGSPFLEGE: AROMATHERAPIE

Sie ist eine ausgesprochen kontroverse Behandlungsart, aber seit ungefähr zehn Jahren stark im Kommen. Mancher bestreitet ihre Wirksamkeit, viele bauen darauf, dass sie Hunden beim Entspannen hilft. Tierheilpraktiker gehen zudem gezielt mittels Aromatherapie gegen spezifische Leiden wie Gelenkentzündungen oder Ängste an.

WIE FUNKTIONIERT SIE?

In Anbetracht des äußerst empfindlichen hündischen Geruchssinns muss man bei der Verwendung ätherischer Öle unbedingt auf Nummer sicher gehen. Inwiefern Düfte, die etwas bei Menschen bewirken, auch den Tieren zuträglich sind, die lieber draußen in freier Natur herumschnüffeln, lässt sich durchaus infrage stellen. Therapeuten behandeln Hunde mit stärker verdünnten Stoffen, doch das zugrundeliegende Prinzip bleibt identisch: Ausgesuchte Gerüche werden in der Umgebung versprüht oder direkt am Körper aufgetragen. Sie sollen beruhigen, anregen oder die Stimmung und das Befinden auf andere Weise beeinflussen.

Wer sich für Aromatherapie bei Hunden interessiert, sollte Folgendes beachten:

• Konsultieren Sie im Vorfeld einen Sachkundigen; ätherische Öle bringen genauso Risiken mit sich wie apothekenpflichtige Arzneimittel. Informieren Sie sich mithilfe von Fachliteratur, Kursen oder eines Besuchs bei einem Spezialisten, wo Sie unter fachkundiger Aufsicht testen können, wie Ihr Hund auf die Aromatherapie reagiert.

• Behandelnde sind sich darüber einig, dass die Qualität der ätherischen Öle von großer Bedeutung ist. Holen Sie Rat zu den besten Produkten ein und rechnen Sie damit, dass eine gute Aromatherapie mehr Geld kostet.

• Experten verdünnen Öle für Hunde selbst dann, wenn sie nur aus einiger Entfernung inhaliert werden sollen. Menschen lassen sich mit stärkeren Düften behandeln, also hören Sie darauf, was Kenner Ihnen nicht nur zu den Ölen selbst sagen, sondern auch zu deren Geruchsintensität. Unabhängig davon darf man sie keinesfalls unmittelbar auf die Haut eines Hundes geben – das kann nur ein Therapeut – oder in die Nähe seines Futters bringen.

GERUCHS-SELBSTMEDIKATION: ZOOPHARMAKOGNOSIE

Angewandte Zoopharmakognosie ist eine recht neue Behandlungsmethode. Dabei lässt man Tiere selbst Düfte auswählen, die ihnen guttun. Sie entstand nach Beobachtungen wilder Arten, die sich vermutlich selbstständig mit natürlichen Heilpflanzen gesund hielten. Der Gedanke dahinter ist bestechend: Statt von einem Facharzt verschriebener ätherischer Öle, die dem Befinden eines Hundes förderlich sein sollen, lässt man sie selbst individuell aus einem breiten Angebot von Fläschchen aussuchen; der Therapeut ermittelt ihr Interesse an diesem oder jenem Duft schließlich anhand der Körpersprache. Während sich Kritiker und Verfechter die Waage halten, steht eine wissenschaftliche Erklärung bis auf weiteres aus, doch das Konzept findet immer mehr Anhänger.

HEIMATDUFT

Ob Sie etwas auf Aromatherapie geben oder nicht: Kein Halter sollte versäumen, „Stinkeriche" aus seiner Wohnung zu entfernen. Aller Wahrscheinlichkeit nach reizen synthetische Duftzerstäuber und Lufterfrischer die einfühlsame Nase des Hundes; er kann sich den Gerüchen, die Sie in Ihrer Umgebung verbreiten, nicht entziehen, Sie selbst hingegen schon. Wenn er ihnen ununterbrochen ausgesetzt ist, dürfte er ähnlich empfinden wie ein Nichtraucher, der mit einem Kettenraucher zusammenlebt.

GLOSSAR

Agility
Eine beliebte Hunde-
sportart, die diverse Aufgaben und Hindernisse
umfasst

Analdrüsen
Zwei erbsengroße Drüsen
im Anus des Hundes.
Sie sondern Flüssigkeit
ab, die den einzigartigen
„Geruchsfingerabdruck"
des Tieres enthält

Behaviorismus
Wissenschaftliches Kon-
zept zur Untersuchung
von tierischem Verhalten
unter der Annahme, dass
Konditionierung anstel-
le von Gedanken oder
Emotionen Handlungen
bedingen

Brachiozephal
Wortwörtlich „kurz-
schnäuzig", Bezeichnung
für u. a. Bulldogge und
Mops

Dämmerungsaktiv
Insbesondere morgens
und abends rege Tiere

Dichromatisch
Sogenanntes Zweifarbse-
hen. Hunde können ei-
nige Farben nicht unter-
scheiden, weil ihre Augen
nur zwei Arten von Zap-
fen besitzen

Desensibilisierung
Methode zu schrittweiser
Angstüberwindung durch
Knüpfen einer positiven
Verbindung mit der Ursa-
che der Furcht

Domestizierung
Vorgang, in dessen Zug
sich Angehörige einer
wilden Spezies ans Zu-
sammenleben mit Men-
schen gewöhnen

Ethologe
Tierverhaltensforscher,
der bevorzugt unter na-
türlichen Bedingungen
arbeitet

Fährtenarbeit
Verfolgung einer etwas
älteren Spur anhand von
Geruchsrückständen am
Boden

Furaneol
Süßliches Stoffgemisch,
das in einigen Nahrungs-
mitteln (Obst) enthalten
ist

Genom
Vollständiges Erbgut
eines Organismus

Kognition
Vorgang des Denkens
und Verfolgung intelli-
genter Gedanken

Kognitionswissenschaft
Erforschung unterschied-
licher Arten von Intelli-
genz in der Praxis

Kommissur
Anatomischer Begriff
für die Maulwinkel des
Hundes

Lederhaut
Das Weiße im Auge rings
um die Regenbogenhaut,
bei Hunden normaler-
weise nicht sichtbar, es
sei denn, sie sind aufge-
regt oder ängstlich

MRT
Kernspintomografie: Mit-
hilfe starker Magnetfelder
und Funkwellen werden
detaillierte Bilder innerer
Organe erzeugt

Morphische Resonanz
Umstrittene Theorie des
Biologen Sheldrake, dem-
zufolge der natürlichen

Welt Erinnerungen zugrunde liegen, die von Lebewesen weitergetragen werden

Nasenmuschel
Knochenblättchen in der Nase von Hunden mit Geruchsrezeptoren

Oxytocin
Hormon von Säugetieren, das Lust- und Wohlgefühle verstärkt

Pheromon
Von Tieren produzierter Stoff, der das Verhalten von Artgenossen beeinflusst

Sehstreifen
Entlang der Innenschicht der Netzhaut konzentrierte Sinneszellen, die peripheres Sehen begünstigt

Selektive Zucht
Gezielte Kreuzung einzelner Tiere zur weiteren Ausprägung spezifischer Merkmale

Selbsterkenntnis
Bewusstes Wissen um die eigene Einzigartigkeit bzw. Verschiedenheit von anderen mit ebenfalls individuellen Gedanken und Gefühlen

Schütteln
Kurzes Schlottern am ganzen Körper, das bei Hunden darauf hinweist, dass sie von einer Aktivität zur nächsten übergehen, etwa nach einer Ruhephase zu Beginn eines Spiels mit einem Artgenossen

Stäbchen
Lichtempfindliche Rezeptorzellen im Auge des Hundes zur Bewegungserkennung

Tapetum lucidum
Reflektierende Zellschicht hinter der Netzhaut des Hundes, die im Dunkeln manchmal grün leuchtet

Trailing
Verfolgung einer frischen Duftspur anhand von Geruchsmolekülen in der Luft

Vibrissen
Wissenschaftlich korrekte Bezeichnung für die dicken, empfindlichen „Schnurrhaare" am Kinn und über der Schnauze sowie den Augen des Hundes

Vomeronasales Organ
Auch Jacobson-Organ; Sinnesorgan vorn in der Nase des Hundes zur Bestimmung von Pheromonen

Wind- oder Sichthund
Selektiv auf sein Sehvermögen hin gezüchteter Jagdhund

Zapfen
Rezeptorzellen in den Augen des Hundes zur Farbwahrnehmung

Zoopharmakognosie
Selbstmedikation unter Tieren durch ausgesuchte Pflanzen oder andere in der Natur vorkommende Stoffe gegen Krankheitsbeschwerden oder Unwohlsein

Zungenschnalzen
Schnelle Zungenbewegen aus dem Maulwinkel heraus, meistens ein Zeichen von leichter Anspannung oder Unbehagen

WEITERE QUELLEN UND HINWEISE

Bradshaw, John. *Hundeverstand.* 2011.

Clothier, Suzanne. *Es würde Knochen vom Himmel regnen … Über die Vertiefung unserer Beziehung zu Hunden.* 2004.

Coppinger, Raymond u. Mark Feinstein. *Die Ethologie der Hunde: Wissenschaftliche Grundlagen zum Verhalten.* 2015.

Coren, Stanley. *Die Geheimnisse der Hundesprache. Lernen Sie Ihren Hund verstehen und mit ihm zu kommunizieren.* 2002.

Hare, Brian u. Vanessa Woods. *The Genius of Dogs.* 2013.

Horowitz, Alexandra. *Hund-Nase-Mensch: Wie der Geruchssinn unser Leben beeinflusst.* 2017.

Horowitz, Alexandra. *Was denkt der Hund?: Wie er die Welt wahrnimmt – und uns.* 2012.

Käufer, Mechtild. *Spielverhalten bei Hunden: Spielformen und -typen. Kommunikation und Körpersprache.* 2011.

McConnell, Patricia. *Liebst Du mich auch? Die Gefühlswelt bei Hund und Mensch.* 2012.

McConnell, Patricia. *Trafen sich zwei: Betrachtungen über Menschen und Hunde.* 2009.

McConnell, Patricia. *Das andere Ende der Leine: Was unseren Umgang mit Hunden bestimmt.* 2004.

Miklósi, Ádám. Hunde – Evolution, Kognition und Verhalten. 2011.

Labors zur Erforschung von Hundeverhalten

Einige Universitätsprojekte zur Untersuchung der Kognition von Hunden rufen zur Mitarbeit von Besitzern und ihren Tieren auf. Auf der nächsten Seite listen wir einige Adressen aus dem englischsprachigen Raum auf, doch Sie dürften auch in Ihrer Nähe fündig werden. Voraussetzung für die Teilnahme Freiwilliger ist bei den meisten Studien ein Impfnachweis und tierärztliches Gesundheitszeugnis.

USA

Universität Arizona, Canine Science Collaboratory. Phoenix, Arizona
caninesciencecollaboratory.blogspot.com

Zentrum für Hundeverhalten der Duke-Universität. Durham, North Carolina
evolutionaryanthropology.duke.edu

Hundekognitionslabor des Eckerd College. St. Petersburg, Florida
eckerd.edu

Zentrum für Hundeverhaltensforschung und Neurowissenschaften der Emory-Universität. Atlanta, Georgia
caninecognitiveneuro.wixsite.com/ccnl

Hundekognitionslabor Horowitz am Barnard College. New York.
dogcognition.com

University von Kentucky, Science-Dogs-Programm. Lexington, Kentucky
uky.edu/~zentall/sciencedogs.html

Labor für Hundeverhaltensforschung der Universität Yale. New Haven, Connecticut
doglab.yale.edu

Großbritannien

Hundekognitionszentrum der Universität Portsmouth
port.ac.uk/department-of-psychology/facilities/dog-cognition-centre

Sollten Sie Schwierigkeiten haben, eine lokale Anlaufstelle zu finden, hilft Ihnen eine Recherche im Internet
Zudem bietet die beliebte Onlineplattform Dognition.com Tests und Programme mit Fragebögen an. Dahinter stecken mehrere Kapazitäten in Sachen Hundeverhalten unter der Leitung von Brian Hare von der Duke-Universität. Sie untersuchen, wie Ihr Hund sich benimmt, woraus ein Profil seiner kognitiven Stärken und Wesensart erstellt wird.

INDEX

A

Agility 170-6

Analdrüsen 37, 49

Ängstliche Hunde 36-7, 128, 134

Äpfel 40, 86

Aromatherapie 182-3

Augen in der Körpersprache 130-1

Autismus 102

B

BARF-Diäten 91

Bärte 36

Basenji 74

Basset Hounds 51–2

Beagles 51

Befehle 68-9, 148-50, 174, 176

Behaviorismus 107–9, 116

Beidäugiges Sehen 29

Belgischer Schäferhund 53

Beljajew, Dmitri 16

Bellen 10, 36, 72-5

Belohnungen 67, 142, 156, 165, 169, 171, 176

Bennis, Warren 103

Bettwanzen 98

Biologische Leiter 18

Bluthunde 51–2, 134

Border Collies 24

Brachyzephale Hunde --- Geruchssinn 51 --- Sehvermögen 30

Brillen 35

C

Coonhounds 53

Coren, Stanley 47

Cryptochrom 112

D

DAID-System (Do As I Do) 116, 123

Darwin, Charles 10, 106–7

Delfine 107, 117-8

Descartes, René 122

Deutsch Kurzhaar 53

Deutsche Schäferhunde 54, 56

Diabeteserkennung 102

Dognition Assessment 120–1

Domestizierung 8, 15-7, 107, 114

E

Einsatzbereiche für Hunde 99-100

Einwickeln 71

Emotionen --- bei Hunden 106, 122-3 --- beim Menschen erkennen 34, 67

Eötvös-Loránd-Universität 17, 67, 74, 114, 121

Epilepsie 102

Erinnerung 123

Erziehung 68-9, 116, 166-7

Estep, Dan 95

F

Fährtenarbeit 10, 41, 50-2, 58-9, 168

Fäkalien 46, 49

Family Dog Project, Family Dog Research Project 115

Farbsehen 31-2

Fernsehen 35, 64

Fitness 170-7

Folgern 23, 121

Freundschaft unter verschiedenen Arten 83

Frisbee 177

Fuchsexperiment 16

Fugazza, Claudia 116

Führhunde 96, 102

Funktionelle Magnetresonanztomografie 123

Furaneol 86

G

Gefängnistherapie 103

Gehörknochen 62

Gehörsinn 61-5, 96, 102

Geräuschempfindlichkeit 70-1

Gerüche --- künstliche 46, 183 --- abstoßende 46-7

Geruchsepithel 44

Geruchsgegenüberstellung 54

Geruchssinn 36, 40-59, 98

Geruchstraining 56-7, 98

Geschmackssinn 76, 84-9

Gesichtserkennung 32-5

Gespieltes Verbeugen 127, 139

Greyhounds 38-9

H

Hare, Dr. Brian 120-1

Hayes, Keith und Catherine 116

Hellseherische Hunde 110-1, 47

Hetts, Suzanne 95

Horowitz Forschungszentrum für Hundeverhalten 121

Horowitz, Alexandra 59, 94, 110, 118-9

Hörschnecke 62

Hund-Wolf-Experiment 17

Hunde anfassen 80-2

Hunderverhaltensforschungszentrum der Universität Portsmouth, 121

Hunderverhaltensforschungszentrum der Universität Yale 120

I

Intelligenz 8, 18, 23, 105, 116

Invasive Spezies 103

J

Jacobson-Organ siehe vomeronasales Organ

Jagdhunde 51, 91

Joggen 177

K

Karotten 41, 86

Knurren 72, 74, 82

Kommissur 132

Kopfbedeckungen 36

Körpersprache 128-41

Körpertemperatur 21

Krebserkennung 42, 98

kurzschnäuzige Rassen --- Geruchssinn 51 --- Sehvermögen 30

L

La-Trobe-Universität Bendigo, Australien 121

Labrador Retriever 30, 53, 137

Lächeln 132-3

Lagotto Romagnolo 57

Lob 176

Lufterfrischer 46, 183

M

Macadamia-Nüsse 85

Magensäure 21, 85, 90

Markierung 49

Massage 180-1

Maul in der Körpersprache 132-3, 135

McConnell, Patricia 71, 95, 186

Miklósi, Ádám 114-5, 186

Morphische Resonanz 110

MRI-Scanner 67, 123

N

Nachahmung 116-7

Nase 43, 44

Nasenmuschel 44

Naturschutz 103

O

Ohren in der Körpersprache 134-5

Operante Konditionierung 108

Orientierung 111-2

Oxytocin 82, 83

P

Pawlow, Iwan 106

Peripheres Sehen 28, 29

Pfoten 78, 81

Pheromone 71

Pointer 53

R

Rassenunterschiede 21

Riechkolben 43

Rosinen 85

Rugaas, Turid 72

S

Scham 123

Schimpansen 118

Schnüffeln am Hinterteil 48-9

Schokolade 85

Schütteln 139

Schwanz 136-7

Schwitzen 78

Sehen 26-39

Sehgrube 28

Sehstreifen 28

Seifenblasen 177

Selbsterkennung 117-9

Sheldrake, Rupert 110-11

Skelett 21

Skinner, B. F. 108

Slalomlauf 172

Sonnenbrillen 35-6

Sozialisierung von Welpen 36, 126-7

Spaziergänge 59

Spiele und Tests 146-165

Springer Spaniel 53

Sprünge 175

Stäbchen 26

Stalling, Gerhard 96

Süße Lebensmittel 86

T

Tapetum Lucidum 27

Tastsinn 76-8

Tierarztbesuche 49

Tisch (Agility) 174

Tonfall 67-9

Topál, József 116

Trauben 85

Trauerbeistand 103

Trinken 89

Tunnelspiel 173

U

Übersinnliche Fähigkeiten 93-4, 110-1, 147

Umarmen 81

V

Verdauung 21, 90

Verhaltensforschung 109, 114-5, 116

Verhaltensforschungslabors 120-1

Verstand 23

Vibrissen 78

Vomeronasales Organ 43-5

W

Waal, Frans de 18

Walaugen 131

Wasser (Geschmack) 88-9

Wölfe 14-5, 17, 107

X

Xylit 85

Z

Zähne 90

Zapfen 26

Zehnminutenregel 176-9

Zilien 44

Zoopharmakognosie 183

Zungenschnalzen 133, 139

BILDNACHWEISE